平法钢筋
识图方法与实例

基于16G101系列平法新图集

上官子昌　主编

化学工业出版社
·北京·

本书主要依据《混凝土结构施工图平面整体表示方法制图规则和构造详图（现浇混凝土框架、剪力墙、梁、板）》（16G101-1）、《混凝土结构施工图平面整体表示方法制图规则和构造详图（现浇混凝土板式楼梯）》（16G101-2）、《混凝土结构施工图平面整体表示方法制图规则和构造详图（独立基础、条形基础、筏形基础、桩基础）》（16G101-3）、《中国地震动参数区划图》（GB 18306—2015）、《混凝土结构设计规范（2015年版）》（GB 50010—2010）、《建筑抗震设计规范（附条文说明）（2016年版）》（GB 50011—2010）、《建筑结构制图标准》（GB/T 50105—2010）、《高层建筑混凝土结构技术规程》（JGJ 3—2010）等规范编写。本书共分为四章，详细地介绍了平法钢筋识图基础、施工图识读、标准构造详图以及识图实例等内容。

本书内容丰富、通俗易懂、实用性强，同时附有相关联的识图实例，便于读者加强理解。可供设计人员、施工技术人员、工程造价人员以及相关专业的师生学习参考。

图书在版编目（CIP）数据

平法钢筋识图方法与实例：基于16G101系列平法新图集/上官子昌主编.—北京：化学工业出版社，2018.7（2023.1重印）
ISBN 978-7-122-32240-1

Ⅰ.①平… Ⅱ.①上… Ⅲ.①钢筋混凝土结构-建筑构图-识别 Ⅳ.①TU375

中国版本图书馆CIP数据核字（2018）第112651号

责任编辑：徐　娟　　　　　　　　　　　　文字编辑：吴开亮
责任校对：王素芹　　　　　　　　　　　　装帧设计：刘丽华

出版发行：化学工业出版社（北京市东城区青年湖南街13号　邮政编码100011）
印　　装：大厂聚鑫印刷有限责任公司
787mm×1092mm　1/16　印张12¾　字数346千字　2023年1月北京第1版第9次印刷

购书咨询：010-64518888　　　　　　售后服务：010-64518899
网　　址：http://www.cip.com.cn
凡购买本书，如有缺损质量问题，本社销售中心负责调换。

定　　价：49.80元

编写人员名单

主　　编：上官子昌

编写人员：于　涛　　王红微　　王昌丁　　王洪德

　　　　　白雅君　　卢　玲　　刘艳君　　孙　元

　　　　　孙石春　　孙丽娜　　李　瑞　　何　影

　　　　　张晓霞　　张黎黎　　范桂清　　高　飞

　　　　　董　慧　　褚丽丽　　戴成元

目前混凝土结构施工图平面整体表示方法（简称"平法"）已在全国结构工程中全面应用，平法标注已得到了结构设计师、建造师、造价师、监理师、预算人员和技术工人的普遍采用。平法不仅在建筑工程界已经产生了巨大影响，而且对教育界、研究界的影响也已逐渐显现。随着混凝土结构施工图平面整体表示方法在建筑行业的全面运用，看懂平法表示的施工结构图，根据平法进行工程施工、工程监理、工程造价、工程设计等是相关人员应掌握的基本技能。为了提高建筑工程技术人员的设计水平和创新能力，更快、更正确地理解和应用标准图集，确保和提高工程建设质量，我们组织编写了这本书。

本书主要依据《混凝土结构施工图平面整体表示方法制图规则和构造详图（现浇混凝土框架、剪力墙、梁、板）》（16G101-1）、《混凝土结构施工图平面整体表示方法制图规则和构造详图（现浇混凝土板式楼梯）》（16G101-2）、《混凝土结构施工图平面整体表示方法制图规则和构造详图（独立基础、条形基础、筏形基础、桩基础）》（16G101-3）、《中国地震动参数区划图》（GB 18306—2015）、《混凝土结构设计规范（2015年版）》（GB 50010—2010）、《建筑抗震设计规范（附条文说明）（2016年版）》（GB 50011—2010）、《建筑结构制图标准》（GB/T 50105—2010）、《高层建筑混凝土结构技术规程》（JGJ 3—2010）等规范编写。本书共分为四章，详细地介绍了平法钢筋识图基础、施工图识读、标准构造详图以及识图实例等内容。

本书内容丰富、通俗易懂、实用性强，同时附有相关联的识图实例，便于读者加强理解。可供设计人员、施工技术人员、工程造价人员以及相关专业的师生学习参考。

由于编者的经验和学识所限，若有疏漏和不妥之处，恳请广大读者和专家提出宝贵的意见。

编　者

2018.01

目录

第1章 平法钢筋识图基础 / 1

1.1 平法基础知识 ·· 1
1.1.1 平法的概念 ··· 1
1.1.2 平法的特点 ··· 2
1.1.3 平法的实用效果 ····································· 3
1.2 钢筋在图纸中的表示方法 ······························ 3
1.2.1 一般表示方法 ······································ 3
1.2.2 钢筋焊接接头表示方法 ······························ 4
1.2.3 常见钢筋画法 ······································ 4
1.3 建筑工程施工图概述 ································· 5
1.3.1 建筑工程施工图 ···································· 5
1.3.2 结构施工图 ·· 5

第2章 平法钢筋施工图识读 / 11

2.1 柱构件施工图识读 ··································· 11
2.1.1 柱构件列表注写方式 ································· 11
2.1.2 柱构件截面注写方式 ································· 14
2.1.3 柱列表注写方式与截面注写方式的区别 ·················· 16
2.2 剪力墙施工图识读 ··································· 17
2.2.1 剪力墙构件平法表达方式 ····························· 17
2.2.2 剪力墙平法识图要点 ································· 17
2.3 梁构件施工图识读 ··································· 24
2.3.1 梁构件平法表达方式 ································· 24
2.3.2 梁构件集中标注识图 ································· 25
2.3.3 梁构件原位标注识图 ································· 28
2.4 板构件施工图识读 ··································· 31
2.4.1 有梁楼盖板平法识图 ································· 31

　　2.4.2　无梁楼盖平法施工图识读 ···················· 35

　　2.4.3　楼板相关构造平法施工图识读 ················· 37

2.5　板式楼梯施工图识读 ···························· 44

　　2.5.1　现浇混凝土板式楼梯平法施工图的表示方法 ·········· 44

　　2.5.2　楼梯类型 ······························ 44

　　2.5.3　平面注写方式 ·························· 45

　　2.5.4　剖面注写方式 ·························· 54

　　2.5.5　列表注写方式 ·························· 55

2.6　独立基础平法施工图识读 ························· 55

　　2.6.1　独立基础平法施工图的表示方法 ················· 55

　　2.6.2　独立基础的平面注写方式 ·················· 55

　　2.6.3　集中标注 ······························ 56

　　2.6.4　原位标注 ······························ 62

2.7　条形基础平法施工图识读 ························· 64

　　2.7.1　条形基础平法施工图的表示方法 ················· 64

　　2.7.2　基础梁的集中标注 ························ 64

　　2.7.3　基础梁的原位标注 ························ 66

　　2.7.4　条形基础底板的平面注写方式 ················· 68

2.8　筏形基础平法施工图识读 ························· 70

　　2.8.1　梁板式筏形基础平法施工图识读 ················· 70

　　2.8.2　平板式筏形基础平法施工图识读 ················· 78

第3章　平法钢筋标准构造详图 / 81

3.1　柱构件平法识图 ······························ 81

　　3.1.1　KZ、QZ、LZ 钢筋构造 ···················· 81

　　3.1.2　地下室 KZ 钢筋构造 ······················ 88

3.2　剪力墙平法识图 ······························ 90

　　3.2.1　剪力墙水平分布钢筋构造 ·················· 90

　　3.2.2　剪力墙竖向分布钢筋构造 ·················· 94

　　3.2.3　剪力墙边缘构件钢筋构造 ·················· 95

　　3.2.4　剪力墙连梁、暗梁、边框梁钢筋构造 ·············· 101

　　3.2.5　剪力墙洞口补强钢筋构造 ·················· 106

3.3　梁构件平法识图 ······························ 108

　　3.3.1　楼层框架梁钢筋构造 ······················ 108

3.3.2　屋面框架梁纵向钢筋构造 ･･････････････････････････････ 111

3.3.3　框架梁、非框架梁钢筋构造 ････････････････････････････ 113

3.3.4　悬挑梁的构造 ･･･････････････････････････････････････ 117

3.3.5　框支梁、转换柱钢筋构造 ･･････････････････････････････ 120

3.3.6　井字梁配筋构造 ･････････････････････････････････････ 123

3.4　板构件平法识图 ･･･ 125

3.4.1　有梁楼盖楼（屋）面板钢筋构造 ････････････････････････ 125

3.4.2　单（双）向板配筋构造 ････････････････････････････････ 127

3.4.3　悬挑板的钢筋构造 ･･･････････････････････････････････ 127

3.4.4　板带的钢筋构造 ･････････････････････････････････････ 129

3.5　板式楼梯标准构造详图 ･････････････････････････････････････ 132

3.5.1　AT～GT 型梯板配筋构造 ･･････････････････････････････ 132

3.5.2　ATa、ATb 型梯板配筋构造 ････････････････････････････ 139

3.5.3　ATc 型梯板配筋构造 ･････････････････････････････････ 140

3.6　独立基础平法识图 ･･･ 141

3.6.1　普通独立基础钢筋构造 ･･･････････････････････････････ 141

3.6.2　杯口独立基础钢筋构造 ･･･････････････････････････････ 147

3.7　条形基础平法识图 ･･･ 150

3.7.1　条形基础底板配筋构造 ･･･････････････････････････････ 150

3.7.2　条形基础底板板底不平钢筋构造 ･･･････････････････････ 153

3.7.3　基础梁箍筋构造 ･････････････････････････････････････ 154

3.7.4　基础梁端部钢筋构造 ･････････････････････････････････ 156

3.7.5　基础梁梁底不平和变截面部位钢筋构造 ･････････････････ 158

3.7.6　基础梁侧部筋、加腋筋构造 ･･･････････････････････････ 160

3.8　筏形基础平法识图 ･･･ 163

3.8.1　基础次梁端部钢筋构造 ･･･････････････････････････････ 163

3.8.2　基础次梁箍筋、加腋构造 ････････････････････････････ 164

3.8.3　基础次梁梁底不平和变截面部位钢筋构造 ･･･････････････ 167

3.8.4　梁板式筏形基础平板钢筋构造 ････････････････････････ 168

3.8.5　平板式筏形基础钢筋构造 ････････････････････････････ 172

第 4 章　平法钢筋识图实例 / 178

4.1　柱构件平法识图实例 ･････････････････････････････････････ 178

【实例 4-1】 柱平法施工图（列表注写方式）识读 ･･･････････････ 178

【实例 4-2】 柱平法施工图（截面注写方式）识读 ·························· 178

【实例 4-3】 钢筋混凝土柱构件详图识读 ································· 179

4.2 剪力墙平法识图实例 ·· 180

【实例 4-4】 某剪力墙平法施工图识读 ································· 180

【实例 4-5】 某洞口平法施工图识读 ··································· 181

【实例 4-6】 地下室外墙水平钢筋图识读 ······························ 181

【实例 4-7】 地下室外墙竖向钢筋图识读 ······························ 182

4.3 梁构件平法识图实例 ·· 183

【实例 4-8】 某钢筋混凝土梁结构详图识读 ··························· 183

【实例 4-9】 某现浇钢筋混凝土梁配筋图识读 ·························· 184

4.4 板构件平法识图实例 ·· 185

【实例 4-10】 钢筋混凝土现浇板配筋图识读 ·························· 185

【实例 4-11】 槽形板结构图识读 ····································· 186

4.5 板式楼梯平法识图实例 ······································ 187

【实例 4-12】 某板式楼梯平法施工图识读 ····························· 187

【实例 4-13】 板式楼梯详图识读 ····································· 188

4.6 独立基础构件平法识图实例 ·································· 190

【实例 4-14】 某建筑独立基础平法施工图识读 ························ 190

【实例 4-15】 某建筑独立基础平面图识读 ····························· 191

【实例 4-16】 某坡形独立基础平法施工图识读 ························ 192

4.7 条形基础构件平法识图实例 ·································· 192

【实例 4-17】 某建筑条形基础平法施工图识读 ························ 192

【实例 4-18】 某条形基础底板平法施工图识读 ························ 193

4.8 筏形基础构件平法识图实例 ·································· 194

【实例 4-19】 某建筑梁板式筏形基础主梁平法施工图识读 ·············· 194

【实例 4-20】 某筏形基础平板平法施工图识读 ························ 195

参考文献 / 196

第1章
平法钢筋识图基础

1.1 平法基础知识

1.1.1 平法的概念

建筑结构施工图平面整体设计方法（简称"平法"），对我国目前混凝土结构施工图的设计表示方法做了重大改革。

平法的表达形式，概括来讲，就是把结构构件的尺寸和配筋等，按照平面整体表示方法制图规则，整体直接表达在各类构件的结构平面布置图上，再与标准构造详图相配合，即构成一套新型完整的结构设计，改变了传统的那种将构件从结构平面布置图中索引出来，再逐个绘制配筋详图、画出钢筋表的烦琐方法。

按平法设计绘制的施工图，一般是由两大部分构成，即各类结构构件的平法施工图和标准构造详图，但对于复杂的工业与民用建筑，尚需增加模板、预埋件和开洞等平面图。只有在特殊情况下才需增加剖面配筋图。

按平法设计绘制结构施工图时，应明确下列几个方面的内容。

（1）必须根据具体工程设计，按照各类构件的平法制图规则，在按结构（标准）层绘制的平面布置图上直接表示各构件的配筋、尺寸和所选用的标准构造详图。出图时，宜按基础、柱、剪力墙、梁、板、楼梯及其他构件的顺序排列。

（2）应将各构件进行编号，编号中含有类型代号和序号等。其中，类型代号的主要作用是指明所选用的标准构造详图；在标准构造详图上，已经按其所属构件类型注明代号，以明确该详图与平法施工图中相同构件的互补关系，使两者结合构成完整的结构设计图。

（3）应当用表格或其他方式注明包括地下和地上各层的结构层楼（地）面标高、结构层高及相应的结构层号。

在单项工程中其结构层楼面标高和结构层高必须统一，以确保基础、柱与墙、梁、板等用同一标准竖向定位。为了便于施工，应将统一的结构层楼面标高和结构层高分别放在柱、墙、梁等各类构件的平法施工图中。

注：结构层楼面标高是指将建筑图中的各层地面和楼面标高值扣除建筑面层及垫层做法厚度后的标高，结构层号应与建筑楼面层号对应一致。

（4）按平法设计绘制施工图，为了能够保证施工员准确无误地按平法施工图进行施工，在具体工程的结构设计总说明中必须写明下列与平法施工图密切相关的内容。

① 选用平法标准图的图集号。

② 混凝土结构的使用年限。

③ 应写明抗震设防烈度及抗震等级，以明确选用相应抗震等级的标准构造详图。

④ 写明各类构件在其所在部位所选用的混凝土的强度等级和钢筋级别，以确定相应纵向受拉钢筋的最小搭接长度及最小锚固长度等。

⑤ 写明柱纵筋、墙身分布筋、梁上部贯通筋等在具体工程中需接长时所采用的接头形式及有关要求。必要时，尚应注明对钢筋的性能要求。

⑥ 当标准构造详图有多种可选择的构造做法时，写明在何部位选用何种构造做法。当没有写明时，则为设计人员自动授权施工员可以任选一种构造做法进行施工。

⑦ 写明结构不同部位所处的环境类别。

⑧ 注明上部结构的嵌固部位位置；框架柱嵌固部位不在地下室顶板，但仍需考虑地下室顶板对上部结构实际存在嵌固作用时，也应注明。

⑨ 设置后浇带时，注明后浇带的位置、浇筑时间和后浇混凝土的强度等级以及其他特殊要求。

⑩ 当柱、墙或梁与填充墙需要拉结时，其构造详图应由设计者根据墙体材料和规范要求选用相关国家建筑标准设计图集或自行绘制。

⑪ 当具体工程需要对图集标准构造详图作局部变更时，应注明变更的具体内容。

⑫ 当具体工程中有特殊要求时，应在施工图中另加说明。

1.1.2　平法的特点

从 1991 年 10 月平法首次运用于济宁工商银行营业楼，到此后的三年在几十项工程设计上的成功实践，平法的理论与方法体系向全社会推广的时机已然成熟。1995 年 7 月 26 日，在北京举行了由建设部组织的“《建筑结构施工图平面整体设计方法》科研成果鉴定”，会上，我国结构工程界的众多知名专家对平法的六大效果一致认同，这六大效果如下。

（1）掌握全局。平法使设计者容易进行平衡调整，易校审，易修改，改图可不牵连其他构件，易控制设计质量；平法能适应业主分阶段分层提图施工的要求，也能适应在主体结构开始施工后又进行大幅度调整的特殊情况。平法分结构层设计的图纸与水平逐层施工的顺序完全一致，对标准层可实现单张图纸施工，施工工程师对结构比较容易形成整体概念，有利于施工质量管理。平法采用标准化的构造详图，形象、直观，施工易懂、易操作。

（2）更简单。平法采用标准化的设计制图规则，结构施工图表达符号化、数字化，单张图纸的信息量较大并且集中；构件分类明确，层次清晰，表达准确，设计速度快，效率成倍提高。

（3）更专业。标准构造详图可集国内较可靠、成熟的常规节点构造之大成，集中分类归纳后编制成国家建筑标准设计图集供设计选用，可避免反复抄袭构造做法及伴生的设计失误，确保节点构造在设计与施工两个方面均达到高质量。另外，对节点构造的研究、设计和施工实现专门化提出了更高的要求。

（4）高效率。平法大幅度提高设计效率，可以立竿见影，能快速解放生产力，迅速缓解基本建设高峰时期结构设计人员紧缺的局面。在推广平法比较早的建筑设计单位，结构设计人员与建筑设计人员的比例已明显改变，结构设计人员在数量上已经低于建筑设计人员，有些设计院结构设计人员只是建筑设计人员的 1/4～1/2，结构设计周期明显缩短，结构设计人员的工作强度已显著降低。

（5）低能耗。平法大幅度降低设计消耗，降低设计成本，节约自然资源。平法施工图是定量化、有序化的设计图纸，与其配套使用的标准设计图集可以重复使用，与传统方法相比，图纸量减少 70% 左右，综合设计工日减少 2/3 以上，每十万平方米设计面积可降低设计成本27 万元，在节约人力资源的同时还节约了自然资源。

（6）改变用人结构。平法促进人才分布格局的改变，实质性地影响了建筑结构领域的人才结构。设计单位对工民建专业大学毕业生的需求量已经明显减少，为施工单位招聘结构人才留出了相当空间，大量工民建专业毕业生到施工部门择业逐渐成为普遍现象，使人才流向发生了比较明显的转变，人才分布趋向合理。随着时间的推移，高校培养的大批土建高级技术人才必将对施工建设领域的科技进步产生积极作用。平法促进结构设计水平的提高，促进设计院内的人才竞争。设计单位对年度毕业生的需求有限，自然形成了人才的就业竞争，竞争的结果自然应为比较优秀的人才有较多机会进入设计单位，长此以往，可有效提高结构设计队伍的整体素质。

1.1.3 平法的实用效果

（1）平法采用标准化的设计制图规则，结构施工图表达数字化、符号化，单张图纸的信息量高而且集中；构件分类明确，层次清晰，表达准确，设计速度快，效率成倍提高；平法使设计者易掌握全局，易进行平衡调整，易修改，易校审，改图可不牵连其他构件，易控制设计质量；平法既能适应建设业主分阶段分层提图施工的要求，也可适应在主体结构开始施工后又进行大幅度调整的特殊情况。平法分结构层设计的图纸与水平逐层施工的顺序完全一致，对标准层可实现单张图纸施工，施工工程师对结构比较容易形成整体概念，有利于施工质量管理。

（2）平法采用标准化的构造设计，形象、直观，施工易懂、易操作。标准构造详图集国内较成熟、可靠的常规节点构造之大成，集中分类归纳整理后编制成国家建筑标准设计图集供设计选用，可避免构造做法反复抄袭以及由此产生的设计失误，保证节点构造在设计与施工两个方面均达到高质量。此外，对节点构造的研究、设计和施工实现专门化提出了更高的要求，已初步形成结构设计与施工的部分技术规则。

（3）平法大幅度降低设计成本，降低设计消耗，节约自然资源。平法施工图是有序化、定量化的设计图纸，与其配套使用的标准设计图集可以重复使用，与传统方法相比，图纸量减少70%以上，减少了综合设计工日，降低了设计成本，在节约人力资源的同时又节约了自然资源，为保护自然环境间接做出突出贡献。

1.2 钢筋在图纸中的表示方法

1.2.1 一般表示方法

普通钢筋的一般表示方法见表1-1。

表 1-1 普通钢筋

序号	名称	图例	说 明
1	钢筋横断面	●	—
2	无弯钩的钢筋端部		下图表示长、短钢筋投影重叠时,短钢筋的端部用45°斜划线表示
3	带半圆形弯钩的钢筋端部		—
4	带直钩的钢筋端部		—
5	带丝扣的钢筋端部		—
6	无弯钩的钢筋搭接		—
7	带半圆弯钩的钢筋搭接		—

续表

序号	名称	图例	说　　明
8	带直钩的钢筋搭接		—
9	花篮螺钉钢筋接头		—
10	机械连接的钢筋接头		用文字说明机械连接的方式（冷挤压或锥螺纹等）

1.2.2　钢筋焊接接头表示方法

钢筋焊接接头的表示方法见表 1-2。

表 1-2　钢筋的焊接接头

序号	名称	接头形式	标注方法
1	单面焊接的钢筋接头		
2	双面焊接的钢筋接头		
3	用帮条单面焊接的钢筋接头		
4	用帮条双面焊接的钢筋接头		
5	接触对焊的钢筋接头（闪光焊、压力焊）		
6	坡口平焊的钢筋接头		
7	坡口立焊的钢筋接头		
8	用角钢或扁钢作连接板焊接的钢筋接头		
9	钢筋或螺（锚）栓与钢板穿孔塞焊的接头		

1.2.3　常见钢筋画法

钢筋的画法见表 1-3。

表 1-3　钢筋画法

序号	说　　明	图　　例
1	在结构楼板中配置双层钢筋时,底层钢筋的弯钩应向上或向左,顶层钢筋的弯钩则向下或向右	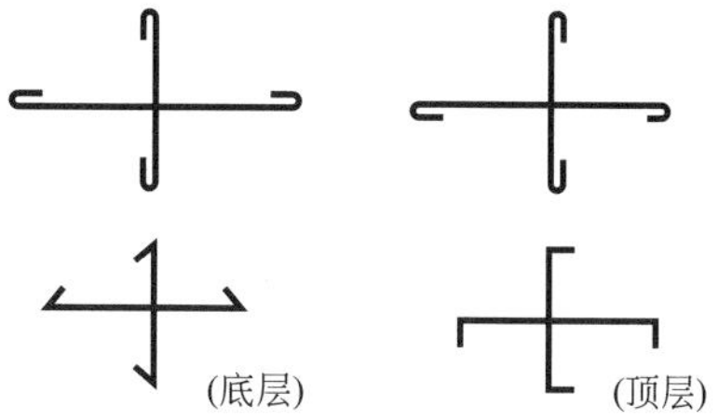 (底层)　　(顶层)
2	钢筋混凝土墙体配双层钢筋时,在配筋立面图中,远面钢筋的弯钩应向上或向左,而近面钢筋的弯钩向下或向右(JM 近面,YM 远面)	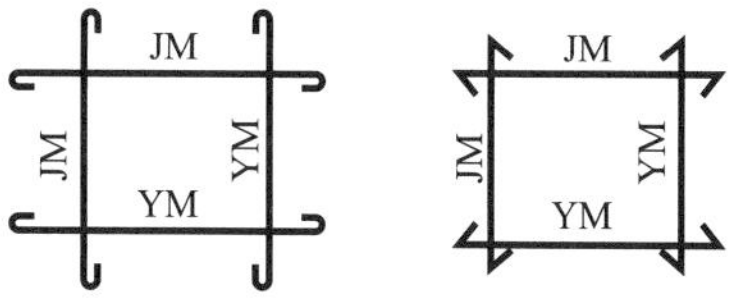
3	若在断面图中不能表达清楚的钢筋布置,应在断面图外增加钢筋大样图(如钢筋混凝土墙、楼梯等)	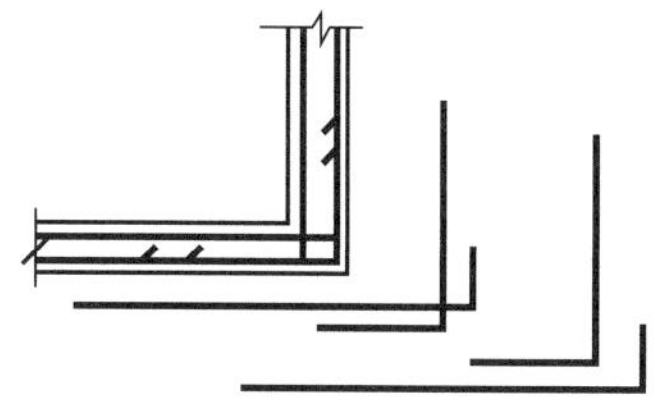
4	图中所表示的箍筋、环筋等若布置复杂时,可加画钢筋大样及说明	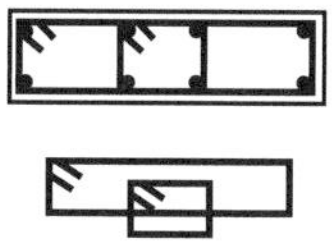
5	每组相同的钢筋、箍筋或环筋,可用一根粗实线表示,同时用一两端带斜短划线的横穿细线表示其钢筋及起止范围	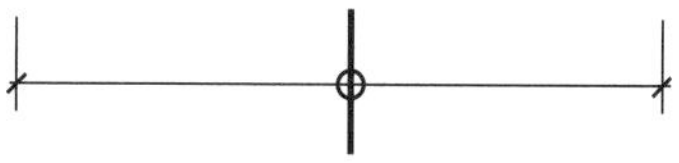

1.3　建筑工程施工图概述

1.3.1　建筑工程施工图

　　建筑工程施工图是指利用正投影的方法把所设计房屋的外部形状、大小、内部布置和室内装修构造、各部分结构、设备等的做法,根据建筑制图国家标准规定,用建筑专业的习惯画法详尽、准确地表达出来,用以指导施工的图样,是设计人员的最终成果,也是施工单位进行施工的主要依据。建筑工程施工图是工程界的技术语言,是表达工程设计和指导工程施工不可缺少的重要依据,是具有法律效力的正式文件,也是重要的技术档案文件。

　　建筑工程施工图按照其内容和作用不同,通常分为结构施工图、建筑施工图、设备施工图(包含给水排水施工图、暖通施工图和电气施工图等)。建筑工程施工图一般的编排顺序是:图纸目录、设计总说明、建筑总平面图、建筑施工图、结构施工图、给水排水施工图、暖通施工图和电气施工图等。

1.3.2　结构施工图

　　任何建筑物都是由各种各样的结构构件和建筑配件组成的,如梁、板、墙、柱、基础等,它们是建筑物的主要承重构件。这些构件相互支撑，连成一个整体，构成了房屋的承重结构系统。房屋的承重结构系统称为建筑结构，简称"结构"，组成这个系统的各个构件称为结构构件。

设计房屋建筑，除要进行建筑设计外，还要进行结构设计。结构设计的基本任务是根据建筑物的使用要求和作用于建筑物上的荷载，选择合理的结构类型和结构方案，进行结构布置，经过结构计算，确定各结构构件的几何尺寸、材料等级及内部构造，以最经济的手段，使建筑结构在规定的使用期限内满足安全、适用、耐久的要求。把结构设计的结果绘成图样，即称为结构施工图，简称"结施"。结构施工图是进行构件制作、结构安装、编制预算和确定施工进度的依据。结构施工图必须与建筑施工图相配合，两者之间不能有矛盾。

1.3.2.1　结构施工图的主要内容

建筑结构根据其主要承重构件所采用的材料不同，通常可分为钢结构、木结构、砖混结构和钢筋混凝土结构等。不同的结构类型，其结构施工图的具体内容及编排方式也各有不同。结构施工图一般应包括以下内容。

（1）结构设计说明。按工程的复杂程度，结构设计说明的内容或多或少，但一般均包括以下五个方面的内容。

① 主要设计依据。阐明上级机关的批文，国家有关的标准、规范等。

② 自然条件。自然条件包括地质勘探资料，抗震设防烈度，风、雪荷载等。

③ 施工要求和施工注意事项。

④ 对材料的质量要求。

⑤ 合理使用年限。

（2）结构布置平面图及构造详图。结构布置平面图同建筑平面图一样，属于全局性的图纸，主要内容如下。

① 基础平面布置图及基础详图。

② 楼面结构平面布置图及节点详图。

③ 屋顶结构平面布置图及节点详图。

（3）构件详图。构件详图属于局部性的图纸，表示构件的形状、大小、所用材料的强度等级和制作安装方法等。主要内容如下。

① 梁、板、柱等构件详图。

② 楼梯结构详图。

③ 其他构件详图。

1.3.2.2　结构施工图的识读

（1）结构设计总说明。通过阅读结构设计总说明，了解工程结构类型、建筑抗震等级、设计使用年限，结构设计所采用的规范、规程及所采用的标准图集，地质勘探单位、结构各部分所用材料情况，尤其应注意结构说明中强调的施工注意事项。

（2）基础图的识读。基础图主要由基础说明、基础平面图和基础详图组成。主要反映的是建筑物相对标高±0.000以下的结构图。基础平面主要表示轴线号、轴线尺寸，基础的形式、大小，基础的外轮廓线与轴线间的定位关系，管沟的形式、大小、平面布置情况，基础预留洞的位置、大小与轴线的位置关系，构造柱、框架柱、剪力墙与轴线的位置关系，基础剖切面位置等。基础详图则表示具体工程所采用的基础类型、基础形状、大小及其具体做法。

阅读各部分图纸时应注意的问题如下。

① 基础平面图。基础平面图是假想用一水平剖切面，沿建筑物底层地面（即±0.000）将其剖开，移去剖切面以上的建筑物，并假想基础未回填土前所作的水平投影。识读基础平面图时，首先对照建筑一层平面图，核对基础施工时定位轴线位置、尺寸是否与建筑图相符；

核对房屋开间、进深尺寸是否正确；基础平面尺寸有无重叠、碰撞现象；地沟及其他设施、电气施工图所需管沟是否与基础存在重叠、碰撞现象；确认地沟深度与基础深度之间的关系，沟盖板标高与地面标高之间的关系，地沟入口处的做法。其次注意各种管沟穿越基础的位置，相应基础部位采用的处理做法（如基础局部是否加深、具体处理方法，相应基础洞口处是否加设过梁等构件）；管沟转角等部位加设的构件类型（过梁）、数量。

基础平面图常用比例为 1∶100 或 1∶150。

② 基础详图。基础详图是假想用一个垂直的剖切面在指定的位置剖切基础所得到的断面图。基础详图一般用较大的比例（1∶20）绘制，能反映出基础的断面形状、尺寸、与轴线的关系、基底标高、材料及其他构造做法等详细情况，也称为基础详图。

基础详图反映的内容如下。

a. 图名和比例。图名为剖断编号或基础代号及其编号，如 1—1 或 J-2、JC4 等；比例如 1∶20。

b. 定位轴线及其编号与对应基础平面图一致。

c. 基础断面的形状、尺寸、材料以及配筋。

d. 室内、外地面标高及基础底面的标高。

e. 基础墙的厚度、防潮层的位置和做法。

f. 基础梁或圈梁的尺寸和配筋。

g. 垫层的尺寸及做法。

h. 施工说明等。

不同构造的基础应分别画出其详图。基础详图表达的内容不尽相同，根据实际情况可能只有上述的其中几项。

识读基础详图时，首先对本工程所采用基础类型的受力特点有一基本了解，各类基础的关键控制位置及需注意事项，在此基础上注意发现基础尺寸有无设计不合理的现象。注意基础配筋有无不合理之处。比如独立钢筋混凝土基础底板长向、短向配筋量标注是否有误，其上下关系是否正确。搞清复杂基础中各种受力钢筋间的关系；注意核对基础详图中所标注的尺寸、标高是否正确。与相关专业施工队伍技术人员配合，弄懂基础图中与专业设计（如涉及水暖、配电管沟、煤气设施等）有关的内容，进一步核对图纸内容，查漏补缺，发现问题。

③ 基础说明。基础平面图和详图中无法表达的内容，可增加"基础说明"作为补充。基础说明可以放在基础图中，也可以放在"结构设计总说明"中，其主要内容如下。

a. 房屋±0.000 标高的绝对高程。

b. 柱下或墙下的基础形式。

c. 注明该工程地质勘察单位及勘察报告的名称。

d. 基础持力层的选择及持力层承载力要求。

e. 基础及基础构件的构造要求。

f. 基础选用的材料。

g. 防潮层的做法。

h. 设备基础的做法。

i. 基础验收及检验的要求。

基础说明根据工程实际情况，可能只有上述的其中几项。为了施工方便，实际工程中常常将同一建筑物的基础平面图、基础详图及基础说明放在同一张图纸上。

通过阅读基础说明，了解本工程基础底面放置在什么位置（基础持力层的位置），相应位置地基承载力特征值的大小，基础图中所采用的标准图集，基础部分所用材料情况，基础施工需注意的事项等。

（3）结构平面图的识读。结构平面布置图是假想沿楼板面将房屋水平剖切开俯视后所作的楼层的水平投影。因此该结构平面图中的实线表示楼层平面轮廓，虚线则表示楼面下被遮挡住的墙、梁等构件的轮廓及其位置。注意查看结构平面图中各种梁、板、柱、剪力墙等构件的代号、编号和定位轴线、定位尺寸，即可了解各种构件的位置和数量，如图1-1所示。

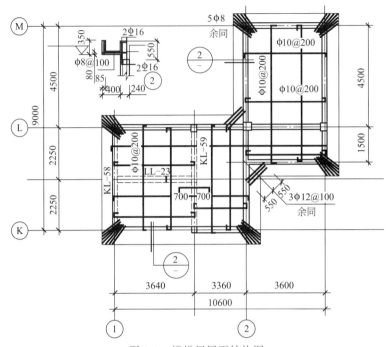

图 1-1　楼梯间屋面结构图

读图时需注意以下几个问题。

① 首先与建筑平面图（比相应结构层多一层的建筑平面图）相对照，理解结构平面布置图，建立相应楼层的空间概念，理解荷载传递关系、构件受力特点。同时注意发现问题。

② 现浇结构平面图。由结构平面布置图准确判断现浇楼盖的类型、楼板的主要受力部位，现浇板中受力筋的配筋方式及其大小，未标注的分布钢筋大小是否用文字说明（阅读说明时予以注意），现浇板的板厚及标高；墙、柱、梁的类型、位置及其数量；注意房间功能不同处楼板标高有无变化，相应位置梁与板在高度方向上的关系；板块大小差异较大时板厚有无变化；注意建筑造型部位梁、板的处理方法、尺寸（注意与建筑图核对）。

③ 预制装配式结构平面图。主要查看各种预制构件的代号、编号和定位轴线、定位尺寸，以了解所用预制构件的类型、位置及其数量；认真阅读图纸中预制构件的配筋图、模板图；进一步查阅图纸中预制构件所用标准图集，查阅标准图集中相关大样及说明，搞清施工安装注意事项；注意查看确定所用预埋件的做法、形式、位置、大小及其数量，并予以详细记录。

④ 板上洞口的位置、尺寸，洞口处理方法。若洞口周边加设钢筋，则需注意洞口周边钢筋间的关系、钢筋的接头方式及接头长度。

（4）梁配筋图的识读。

① 注意梁的类型，各种梁的编号、数量及其标高。

② 仔细核对每根梁的立面图与剖面图的配筋关系，以准确核对梁中钢筋的型号、数量和位置，如图1-2所示。

③ 梁配筋图，若采用平面表示法，则需结合相应图集阅读，在阅读时要注意建立梁配筋

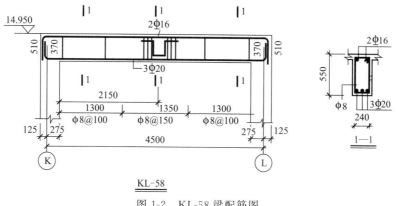

图 1-2 KL-58 梁配筋图

情况的空间立体概念，必要时需将梁配筋草图勾画出来，以帮助理解梁配筋情况。

④ 注意梁中所配各类钢筋的搭接、锚固要求。注意跨度较大梁支撑部位是否设有梁垫或构造柱，相应支撑部位梁上部钢筋的处理方法。

⑤ 混合结构中若设有墙梁，除注意阅读梁的尺寸和配筋外，必须注意墙梁特殊的构造要求及相应的施工注意事项。

（5）柱配筋图的识读。

① 注意柱的类型，柱的编号、数量及其具体定位。

② 仔细核对每根柱的立面图与剖面图的配筋关系，以准确核对柱中钢筋的型号、数量、位置。注意柱在高度方向上截面尺寸有无变化，如何变化，柱截面尺寸变化处钢筋的处理方法。柱筋在高度方向的连接方式、连接位置、连接部位的加强措施。

③ 柱配筋图，若采用平面表示法，则需结合相应图集阅读，在阅读时要注意建立柱配筋情况的空间立体概念，必要时需将柱配筋草图勾画出来，以帮助理解柱配筋图。

（6）剪力墙配筋图的识读。

① 注意剪力墙的编号、数量及其具体位置。

② 注意查看剪力墙中一些暗藏的构件，如暗梁、暗柱的位置、大小及其配筋和构造要求。注意剪力墙与构造柱及相邻墙之间的关系，相应的处理方法。

③ 注意剪力墙中开设的洞口大小、位置和数量；洞口处理方法（是否有梁、柱）、洞口四周加筋情况；对照建筑施工图、设备施工图和电气施工图，阅读理解剪力墙中开设洞口的作用、功能。

（7）楼梯配筋图的阅读。

① 楼梯结构平面图同楼梯建筑平面图一样，主要表示梯段及休息平台的具体位置、尺寸大小，上下楼梯的方向，梯段及休息平台的标高及踏步尺寸。

② 楼梯剖面图则清楚地表达楼梯的结构类型（板式楼梯或梁式楼梯），更明确地表达梯段及休息平台的标高、位置。有时梯段配筋及休息平台配筋图亦一并在剖面图中表达。

③ 楼梯构件详图具体表达梯段及楼梯梁的配筋情况，需特别注意折板或折梁在折角处的配筋处理。注意梯段板与梯段板互为支撑时受力筋间的位置关系。

（8）结构大样图的阅读。

① 注意与建筑施工图中的墙身大样、节点详图相对照，核对相应部位结构大样的形状、大小尺寸、标高是否有误。注意构造柱、圈梁的配筋及构造做法。

② 在清楚掌握节点大样受力特点的基础上，搞清各种钢筋的形式及其相互关系。结构平面布置图中若有相应抽筋图，则需对照抽筋图来读图；若没有相应抽筋图则需在阅读详图时，

按自己的理解画出复杂钢筋的抽筋图，在会审图纸时与设计人员交流确认正确的配筋方法。

③ 对于一些造型复杂部位，在清楚结构处理方法、读懂结构大样图的基础上，应注意思考施工操作的难易程度，若感到施工操作难度大，则需从施工操作的角度提出解决方案，与设计人员共同探讨、商量予以变更。

④ 对于采用金属构架作造型或装饰的情况，应注意阅读金属构架与钢筋混凝土构件连接部位的节点大样，搞清两者间的相互关系、两者衔接需注意的问题。并注意阅读金属构架本身的节点处理方法及其需注意的问题。

（9）平法结构施工图的识读。建筑结构施工图的平面整体表示方法（即平法），概括地说，就是把结构构件的尺寸和配筋等，按照平面整体表示方法的制图规则，整体直接地表达在各类构件的结构平面布置图中相应的位置上，再与标准构造详图相配合，即构成一套新型完整的结构设计。

现浇混凝土框架、剪力墙、框架-剪力墙和框支剪力墙主体结构施工图主要均采用平法并与现行国家建筑标准设计图集 16G101-1～16G101-3 配合使用的设计表达。

第2章
平法钢筋施工图识读

2.1　柱构件施工图识读

柱构件的平法表达方式分为列表注写方式和截面注写方式两种，在实际工程应用中，这两种表达方式所占比例相近，故本节对这两种表达方式均进行讲解。

2.1.1　柱构件列表注写方式

列表注写方式，系在柱平面布置图上（一般只需采用适当比例绘制一张柱平面布置图，包括框架柱、转换柱、梁上柱和剪力墙上柱），分别在同一编号的柱中选择一个（有时需要选择几个）截面标注几何参数代号；在柱表中注写柱编号、柱段起止标高、几何尺寸（含柱截面对轴线的偏心情况）与配筋的具体数值，并配以各种柱截面形状及其箍筋类型图的方式，来表达柱平法施工图。

2.1.1.1　柱列表注写方式与识图

柱平法施工图列表注写方式如图 2-1 所示。

如图 2-1 所示，列表注写方式表达的柱构件，要从 4 个方面结合和对应起来阅读，见表 2-1。

表 2-1　柱列表注写方式与识图

内容	说　　明
柱平面图	柱平面图上注明了本图适用的标高范围,根据这个标高范围,结合"层高与标高表",判断柱构件在标高上位于的楼层
箍筋类型图	箍筋类型图主要用于说明工程中要用到的各种箍筋组合方式,具体每个柱构件采用哪种方式,需要在柱列表中注明
层高与标高表	层高与标高表用于和柱平面图、柱表对照使用
柱表	柱表用于表达柱构件的各个数据,包括截面尺寸、标高、配筋等

2.1.1.2　识图要点

（1）截面尺寸。矩形截面尺寸用 $b \times h$ 表示，$b = b_1 + b_2$，$h = h_1 + h_2$，圆形柱截面尺寸由 "d" 打头注写圆形柱直径，并且仍然用 b_1、b_2、h_1、h_2 表示圆形柱与轴线的位置关系，并使 $d = b_1 + b_2 = h_1 + h_2$，见图 2-2。

（2）芯柱。根据结构需要，可以在某些框架柱的一定高度范围内，在其内部的中心位置设置（分别引注其柱编号）。芯柱截面尺寸按构造确定，并按标准构造详图施工，设计不注；当设计者采用与本构造图不同的做法时，应另行注明。芯柱定位随框架柱走，不需要注写其与轴线的几何关系，见图 2-3。

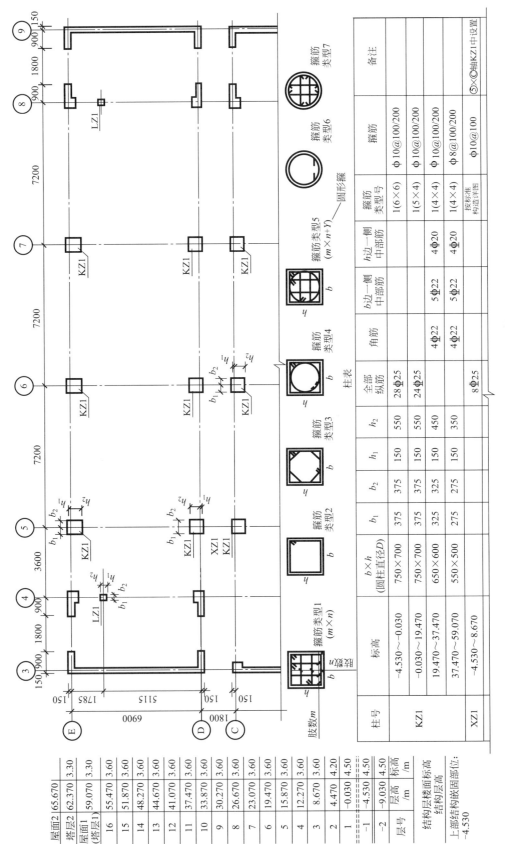

图 2-1　柱平法施工图列表注写方式示例

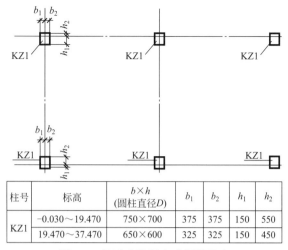

柱号	标高	$b \times h$ (圆柱直径D)	b_1	b_2	h_1	h_2
KZ1	$-0.030 \sim 19.470$	750×700	375	375	150	550
	$19.470 \sim 37.470$	650×600	325	325	150	450

图 2-2　柱列表注写方式识图要点

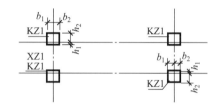

柱号	标高	$b \times h$ (圆柱直径D)	b_1	b_2	h_1	h_2	全部纵筋	角筋	b边一侧中部筋	h边一侧中部筋	箍筋类型号	箍筋
KZ1	$-4.530 \sim -0.030$	750×700	375	375	150	550	28Φ25				1(6×6)	ϕ10@100/200
XZ1	$-4.530 \sim 8.670$						8Φ25				按标准构造详图	ϕ10@100

图 2-3　芯柱识图

① 芯柱截面尺寸与轴线的位置关系。芯柱截面尺寸不用标注，芯的截面尺寸不小于柱相应边截面尺寸的 1/3，且不小于 250mm。

芯柱与轴线的位置与柱对应，不进行标注。

② 芯柱配筋，由设计者确定。

（3）纵筋。当柱纵筋直径相同，各边根数也相同时（包括矩形柱、圆柱和芯柱），可将纵筋注写在"全部纵筋"一栏中；除此之外，柱纵筋分角筋、截面 b 边中部筋和 h 边中部筋三项分别注写（对于采用对称配筋的矩形截面柱，可仅注写一侧中部筋，对称边省略不注；对于采用非对称配筋的矩形截面柱，必须每侧均注写中部筋）。

（4）箍筋。注写柱箍筋，包括箍筋级别、直径与间距。箍筋间距区分加密与非加密时，用斜线"/"区分柱端箍筋加密区与柱身非加密区长度范围内箍筋的不同间距。施工人员需根据标准构造详图的规定，在规定的几种长度值中取其最大者作为加密区长度。当框架节点核心区内箍筋与柱端箍筋设置不同时，应在括号中注明核心区箍筋直径及间距。

【例 2-1】　ϕ10@100/200，表示箍筋为 HPB300 级钢筋，直径为 10mm，加密区间距为 100mm，非加密区间距为 200mm。

【例 2-2】　ϕ10@100/200（ϕ12@100），表示柱中箍筋为 HPB300 级钢筋，直径为 10mm，加密区间距为 100mm，非加密区间距为 200mm。框架节点核心区箍筋为 HPB300 级钢筋，直径为 12mm，间距为 100mm。

当箍筋沿柱全高为一种间距时，则不使用"/"线。

【例 2-3】　φ10@100，表示沿柱全高范围内箍筋均为 HPB300，钢筋直径为 10mm，间距为 100mm。

当圆柱采用螺旋箍筋时，需在箍筋前加"L"。

【例 2-4】　L：φ10@100/200，表示采用螺旋箍筋，HPB300，钢筋直径为 10mm，加密区间距为 100mm，非加密区间距为 200mm。

2.1.2　柱构件截面注写方式

截面注写方式，系在柱平面布置图的柱截面上，分别在同一编号的柱中选择一个截面，以直接注写截面尺寸和配筋具体数值的方式来表达柱平法施工图。

2.1.2.1　柱截面注写方式表示方法与识图

柱平法施工图截面注写方式如图 2-4 所示。

如图 2-4 所示，柱截面注写方式的识图，应从柱平面图和层高标高表这两个方面对照阅读。

2.1.2.2　识图要点

（1）芯柱。截面注写方式中，若某柱带有芯柱，则直接在截面注写中注写芯柱编号及起止标高，见图 2-5。芯柱的构造尺寸如图 2-6 所示。

（2）配筋信息。配筋信息的识图要点见表 2-2。

表 2-2　配筋信息识图要点

表示方法	识　图
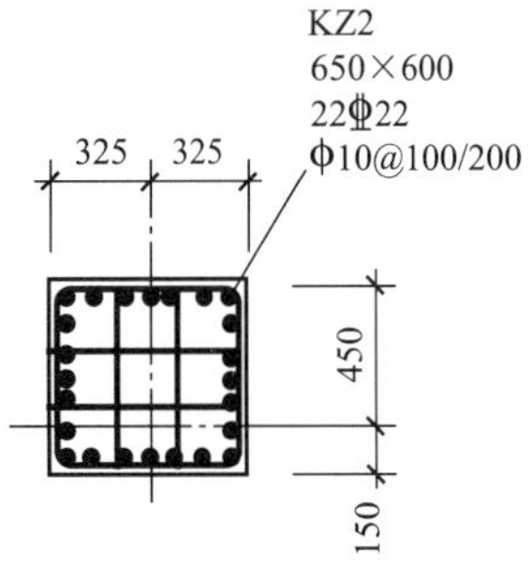 KZ2 650×600 22φ22 φ10@100/200 	如果纵筋直径相同,可以注写纵筋总数
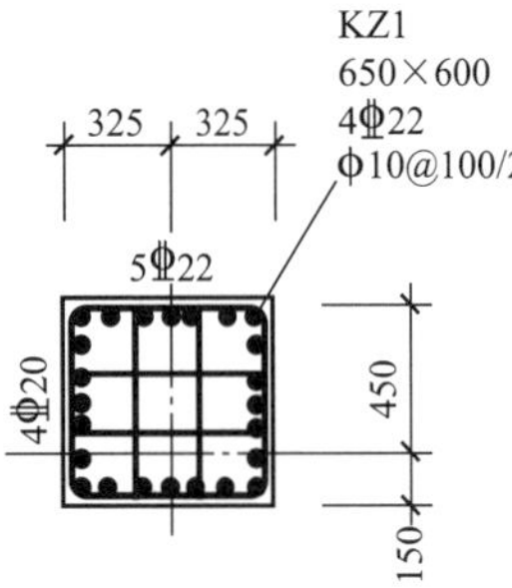 KZ1 650×600 4φ22 φ10@100/200 5φ22 4φ20 	如果纵筋直径不同,先引出注写角筋,然后各边再注写其纵筋;如果是对称配筋,则在对称的两边中,只注写其中一边即可
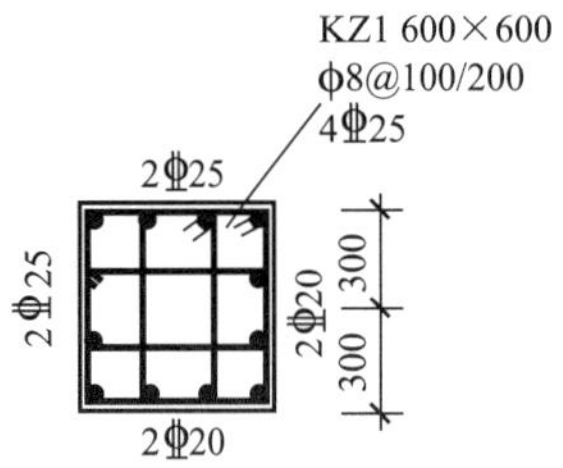 KZ1 600×600 φ8@100/200 4φ25 2φ25 2φ25 2φ20 2φ20 	如果是非对称配筋,则每边注写实际的纵筋,其他识图要点同列表注写方式,此处不再重复

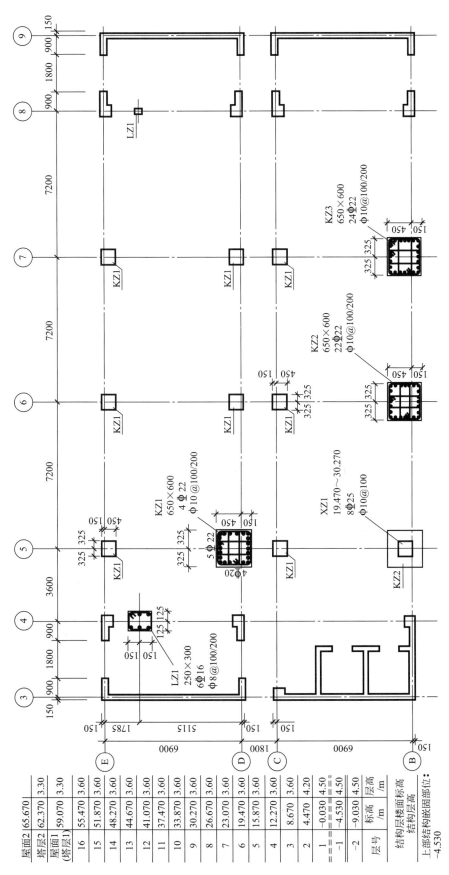

图 2-4　柱平法施工图截面注写方式示例

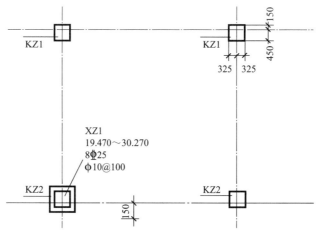

图 2-5　截面注写方式的芯柱表达

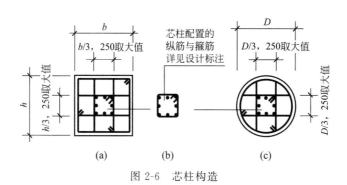

图 2-6　芯柱构造

（a）矩形柱；（b）芯柱；（c）圆柱

其他识图要点与列表注写方式相同，此处不再重复。

2.1.3　柱列表注写方式与截面注写方式的区别

柱列表注写方式与截面注写方式存在一定的区别，见图 2-7，可以看出，截面注写方式不是单独注写箍筋类型图及柱列表，而是直接在柱平面图上截面注写，就包括列表注写中箍筋类型图及柱列表的内容。

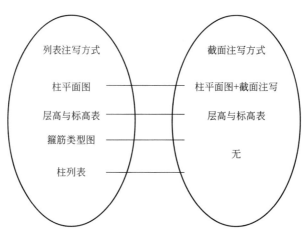

图 2-7　柱列表注写方式与截面注写方式的区别

2.2　剪力墙施工图识读

2.2.1　剪力墙构件平法表达方式

剪力墙平法施工图系在剪力墙平面布置图上采用列表注写方式或截面注写方式表达。

2.2.1.1　列表注写方式

列表注写方式，系分别在剪力墙柱表、剪力墙身表和剪力墙梁表中，对应剪力墙平面布置图上的编号，用绘制截面配筋图并注写几何尺寸与配筋具体数值的方式来表达剪力墙平法施工图。

剪力墙列表注写方式识图方法，就是剪力墙平面图与剪力墙柱表、剪力墙身表和剪力墙梁表的对照阅读，具体来说要注写以下内容。

（1）剪力墙柱表对应剪力墙平面图上墙柱的编号，在列表中注写截面尺寸及配筋的具体数值。

（2）剪力墙身表对应剪力墙平面图的墙身编号，在列表中注写截面尺寸及配筋的具体数值。

（3）剪力墙梁表对应剪力墙平面图的墙梁编号，在列表中注写截面尺寸及配筋的具体数值。

剪力墙列表注写方式实例见图 2-8。

2.2.1.2　剪力墙截面注写方式

剪力墙截面注写方式，系在分标准层绘制的剪力墙平面布置图上，以直接在墙柱、墙身、墙梁上注写截面尺寸和配筋具体数值的方式来表达剪力墙平法施工图。

剪力墙截面注写方式见图 2-9。

2.2.2　剪力墙平法识图要点

前面介绍了剪力墙的平法表达方式分列表注写和截面注写两种方式，这两种表达方式表达的数据项是相同的，下面介绍这些数据项具体在阅读和识图时的要点。

2.2.2.1　结构层高及楼面标高识图要点

对于一、二级抗震设计的剪力墙结构，有一个"底部加强部位"，注写在"结构层高与楼面标高"表中，见图 2-10。

2.2.2.2　墙柱识图要点

（1）墙柱箍筋组合。剪力墙的墙柱箍筋通常为复合箍筋，识图时，应注意箍筋的组合，也就是分清何为一根箍筋，只有分清了才能计算其长度，见图 2-11。

（2）墙柱的分类。剪力墙的墙梁分类在上一点已有介绍，墙梁比较容易区分，本部分在前面介绍剪力墙构件组成时就进行了介绍。

墙柱的类型及编号，见表 2-3。

表 2-3　墙柱编号

墙柱类型	编　　号	序　　号
约束边缘构件	YBZ	××
构造边缘构件	GBZ	××
非边缘暗柱	AZ	××
扶壁柱	FBZ	××

注：约束边缘构件包括约束边缘暗柱、约束边缘端柱、约束边缘翼墙、约束边缘转角墙四种（图 2-12）。构造边缘构件包括构造边缘暗柱、构造边缘端柱、构造边缘翼墙、构造边缘转角墙四种（图 2-13）。

剪力墙梁表

编号	所在楼层号	梁顶相对标高高差	梁截面 b×h	上部纵筋	下部纵筋	箍筋
LL1	2~9	0.800	300×2000	4Φ25	4Φ25	Φ10@100(2)
	10~16	0.800	250×2000	4Φ22	4Φ22	Φ10@100(2)
	屋面1		250×1200	4Φ20	4Φ20	Φ10@100(2)
LL2	3	-1.200	300×2520	4Φ25	4Φ25	Φ10@150(2)
	4	-0.900	300×2070	4Φ25	4Φ25	Φ10@150(2)
	5~9	-0.900	300×1770	4Φ25	4Φ25	Φ10@150(2)
	10~屋面1	-0.900	250×1770	4Φ22	4Φ22	Φ10@100(2)
LL3	2		300×2070	4Φ25	4Φ25	Φ10@100(2)
	4~9		300×1770	4Φ25	4Φ25	Φ10@120(2)
	10~屋面1		250×1170	4Φ22	4Φ22	Φ10@120(2)
LL4	2		250×2070	4Φ20	4Φ20	Φ10@120(2)
	3		250×1770	4Φ20	4Φ20	Φ10@120(2)
	4~屋面1		250×1170	4Φ20	4Φ20	Φ10@120(2)
AL1	2~9		300×600	3Φ20	3Φ20	Φ8@150(2)
	10~16		250×500	3Φ18	3Φ18	Φ8@150(2)
BKL1	屋面1		500×750	4Φ22	4Φ22	Φ10@150(2)

剪力墙身表

编号	标高	墙厚	水平分布筋	垂直分布筋	拉筋(矩形)
Q1	-0.030~30.270	300	Φ12@200	Φ12@200	Φ6@600@600
	30.270~59.070	250	Φ10@200	Φ10@200	Φ6@600@600
Q2	-0.030~30.270	250	Φ10@200	Φ10@200	Φ6@600@600
	30.270~59.070	200	Φ10@200	Φ10@200	Φ6@600@600

层号	标高/m	层高/m
屋面2	65.670	
塔层2	62.370	3.30
屋面1(塔层1)	59.070	3.30
16	55.470	3.60
15	51.870	3.60
14	48.270	3.60
13	44.670	3.60
12	41.070	3.60
11	37.470	3.60
10	33.870	3.60
9	30.270	3.60
8	26.670	3.60
7	23.070	3.60
6	19.470	3.60
5	15.870	3.60
4	12.270	3.60
3	8.670	3.60
2	4.470	4.20
1	-0.030	4.50
-1	-4.530	4.50
-2	-9.030	4.50
层号	标高/m	层高/m

结构层楼面标高
结构层高

上部结构嵌固部位：-0.030

剪力墙柱表

截面				
编号	YBZ1	YBZ2	YBZ3	YBZ4
标高	-0.030~12.270	-0.030~12.270	-0.030~12.270	-0.030~12.270
纵筋	24Φ20	22Φ20	18Φ22	20Φ20
箍筋	Φ10@100	Φ10@100	Φ10@100	Φ10@100

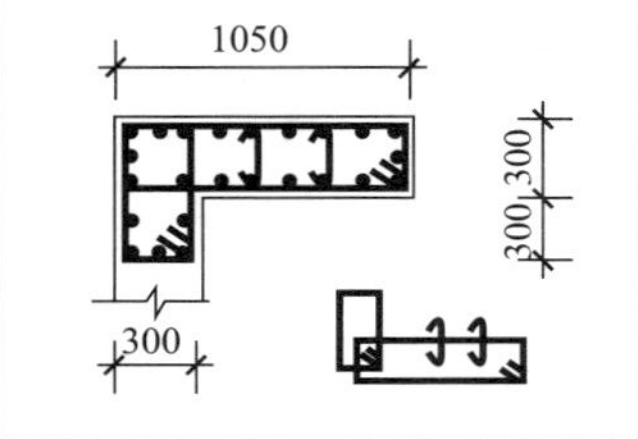

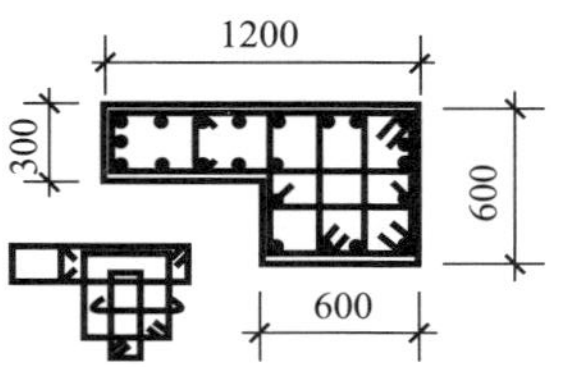

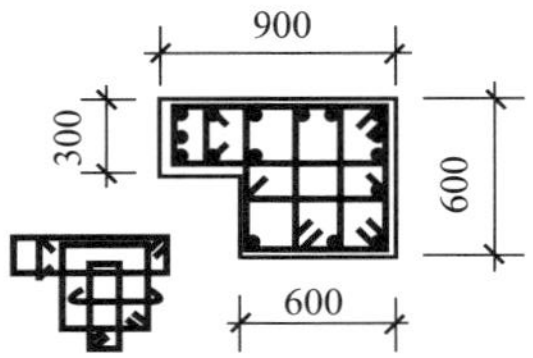

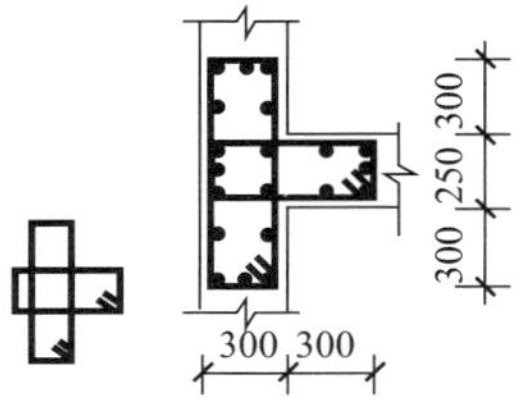

截面			
编号	YBZ5	YBZ6	YBZ7
标高	-0.030~12.270	-0.030~12.270	-0.030~12.270
纵筋	20Φ20	28Φ20	16Φ20
箍筋	Φ10@100	Φ10@100	Φ10@100

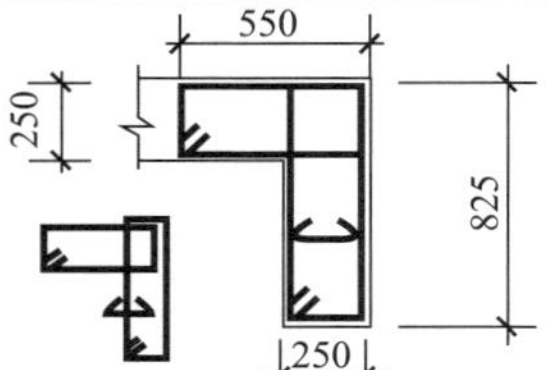

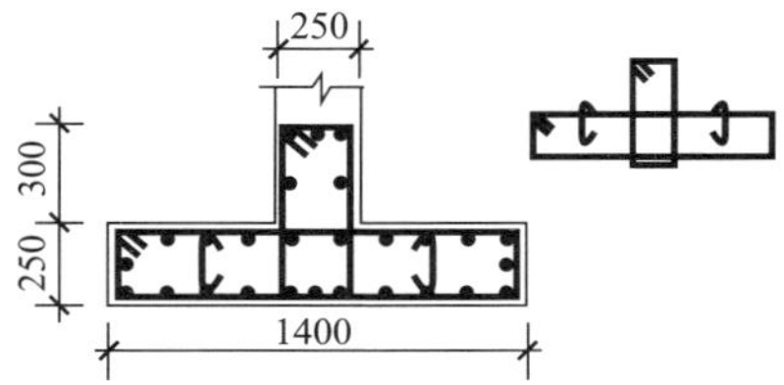

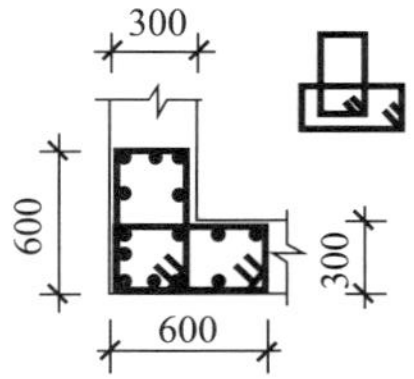

层号	标高/m	层高/m
屋面2	65.670	
塔层2	62.370	3.30
屋面1(塔层1)	59.070	3.30
16	55.470	3.60
15	51.870	3.60
14	48.270	3.60
13	44.670	3.60
12	41.070	3.60
11	37.470	3.60
10	33.870	3.60
9	30.270	3.60
8	26.670	3.60
7	23.070	3.60
6	19.470	3.60
5	15.870	3.60
4	12.270	3.60
3	8.670	4.20
2	4.470	4.50
1	-0.030	4.50
-1	-4.530	4.50
-2	-9.030	4.50

底部加强部位

结构层楼面标高
结构层高
上部结构嵌固部位: -0.030

图 2-8　剪力墙列表注写方式示例

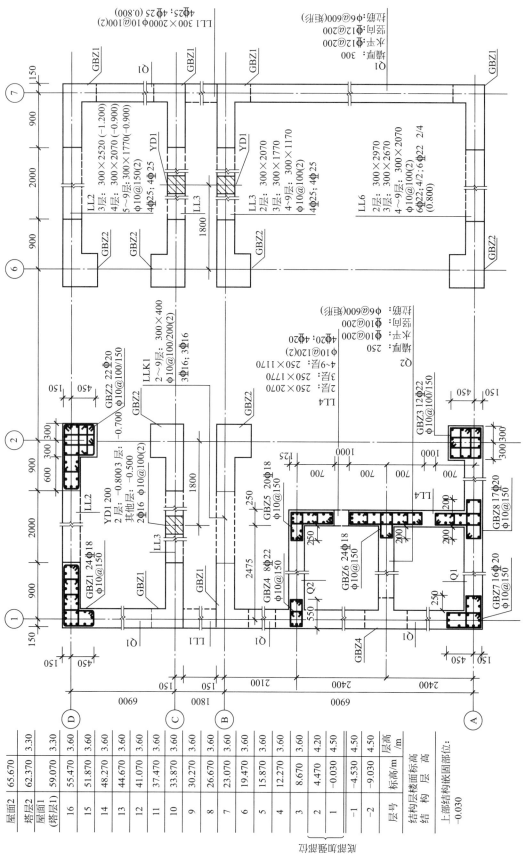

图 2-9　剪力墙截面注写方式示例

层号	标高/m	层高/m
屋面2	65.670	
塔层2	62.370	3.30
屋面1 (塔层1)	59.070	3.30
16	55.470	3.60
15	51.870	3.60
14	48.270	3.60
13	44.670	3.60
12	41.070	3.60
11	37.470	3.60
10	33.870	3.60
9	30.270	3.60
8	26.670	3.60
7	23.070	3.60
6	19.470	3.60
5	15.870	3.60
4	12.270	3.60
3	8.670	3.60
2	4.470	4.20
1	-0.030	4.50
-1	-4.530	4.50
-2	-9.030	4.50

图 2-10　底部加强部位

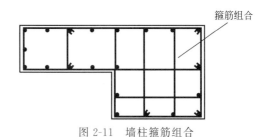

图 2-11　墙柱箍筋组合

（3）在剪力墙柱表中表达的内容。

① 墙柱编号（见表2-3），绘制该墙柱的截面配筋图，标注墙柱几何尺寸。

a. 约束边缘构件（见图 2-12），需注明阴影部分尺寸。

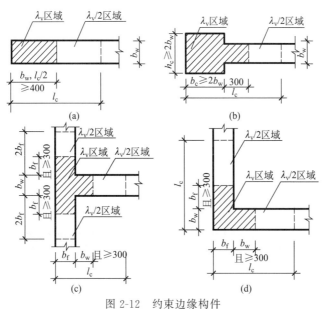

图 2-12　约束边缘构件

（a）约束边缘暗柱；（b）约束边缘端柱；（c）约束边缘翼墙；（d）约束边缘转角墙

λ_v—配箍特征值；l_c—约束边缘构件沿墙肢的长度；b_w—剪力墙的墙肢截面宽度；b_c—端柱宽度；b_f—约束边缘翼墙截面宽度

注：剪力墙平面布置图中应注明约束边缘构件沿墙肢长度 l_c（约束边缘翼墙中沿墙肢长度尺寸为 $2b_f$ 时可不注）。

　　b.构造边缘构件（见图2-13），需注明阴影部分尺寸。

　　c.扶壁柱及非边缘暗柱需标注几何尺寸。

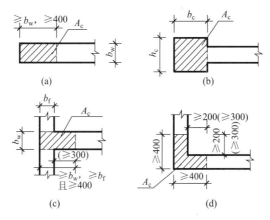

图2-13　构造边缘构件

(a) 构造边缘暗柱；(b) 构造边缘端柱；(c) 构造边缘翼墙（括号中数值用于高层建筑）；

(d) 构造边缘转角墙（括号中数值用于高层建筑）

b_w—暗柱宽度；b_c—端柱宽度；h_c—端柱高度；b_f—剪力墙厚度；A_c—截面

　　② 各段墙柱的起止标高，自墙柱根部往上以变截面位置或截面未变但配筋改变处为界分段注写。墙柱根部标高系指基础顶面标高（部分框支剪力墙结构则为框支梁顶面标高）。

　　③ 各段墙柱的纵向钢筋和箍筋，注写值应与在表中绘制的截面配筋图对应一致。纵向钢筋注写总配筋值；墙柱箍筋的注写方式与柱箍筋相同。

2.2.2.3　墙身识图要点

　　(1) 墙身识图要点。注意墙身与墙柱及墙梁的位置关系。

　　(2) 在剪力墙身表中表达的内容。

　　① 墙身编号（含水平与竖向分布钢筋的排数）。

　　② 各段墙身起止标高，自墙身根部往上以变截面位置或截面未变但配筋改变处为界分段注写。墙身根部标高系指基础顶面标高（部分框支剪力墙结构则为框支梁顶面标高）。

　　③ 水平分布钢筋、竖向分布钢筋和拉筋的具体数值。注写数值为一排水平分布钢筋和竖向分布钢筋的规格与间距，具体设置几排已经在墙身编号后面表达。

　　拉筋应注明布置方式"矩形"或"梅花"布置，用于剪力墙分布钢筋的拉结，见图2-14（图中 a 为竖向分布钢筋间距，b 为水平分布钢筋间距）。

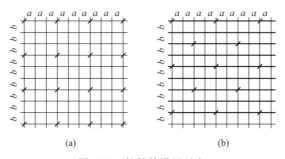

图2-14　拉结筋设置示意

(a) 拉结筋@$3a3b$ 矩形（$a \leqslant 200$mm、$b \leqslant 200$mm）；(b) 拉结筋@$4a4b$ 梅花（$a \leqslant 150$mm、$b \leqslant 150$mm）

2.2.2.4　墙梁识图要点

（1）墙梁的识图要点。墙梁标高与墙身标高的关系见图 2-15。

剪力墙梁表

编号	所在楼层号	梁顶相对标高高差	梁截面 $b×h$	上部纵筋	下部纵筋	箍筋
LL2	3	-1.200	300×2520	4Φ25	4Φ25	φ10@150 (2)
	4	-0.900	300×2070	4Φ25	4Φ25	φ10@150 (2)
	5~9	-0.900	300×1770	4Φ25	4Φ25	φ10@150 (2)
	10~屋面1	-0.900	250×1770	4Φ22	4Φ22	φ10@150 (2)

层号	标高/m	层高/m
屋面2	65.670	
塔层2	62.370	3.30
屋面1(塔层1)	59.070	3.30
16	55.470	3.60
15	51.870	3.60
14	48.270	3.60
13	44.670	3.60
12	41.070	3.60
11	37.470	3.60
10	33.870	3.60
9	30.270	3.60
8	26.670	3.60
7	23.070	3.60
6	19.470	3.60
5	15.870	3.60
4	12.270	3.60
3	8.670	3.60
2	4.470	4.20
1	-0.030	4.50
-1	-4.530	4.50
-2	-9.030	4.50

底部加强部位

图 2-15　墙梁的识图要点

图 2-15 中，通过对照连梁表与结构层高标高表，就能得出各层的连梁 LL2 的标高位置。

（2）墙梁的分类及编号。见表 2-4。

表 2-4　墙梁编号

墙梁类型	代号	序号
连梁	LL	××
连梁（对角暗撑配筋）	LL(JC)	××
连梁（交叉斜筋配筋）	LL(JX)	××
连梁（集中对角斜筋配筋）	LL(DX)	××
连梁（跨高比不小于5）	LLk	××
暗梁	AL	××
边框梁	BKL	××

注：1. 在具体工程中，当某些墙身需设置暗梁或边框梁时，宜在剪力墙平法施工图中绘制暗梁或边框梁的平面布置图并编号，以明确其具体位置。

2. 跨高比不小于 5 的连梁按框架梁设计时，代号为 LLk。

（3）在剪力墙梁表中表达的内容。

① 墙梁编号。

② 墙梁所在楼层号。

③ 墙梁顶面标高高差，系指相对于墙梁所在结构层楼面标高的高差值，高于者为正值，

低于者为负值，当无高差时不注。

④ 墙梁截面尺寸 $b×h$，上部纵筋，下部纵筋和箍筋的具体数值。

⑤ 当连梁设有对角暗撑时［代号为 LL(JC)××］，注写暗撑的截面尺寸（箍筋外皮尺寸）；注写一根暗撑的全部纵筋，并标注×2，表明有两根暗撑相互交叉；注写暗撑箍筋的具体数值。

⑥ 当连梁设有交叉斜筋时［代号为 LL(JX)××］，注写连梁一侧对角斜筋的配筋值，并标注×2，表明对称设置；注写对角斜筋在连梁端部设置的拉筋根数、强度级别及直径，并标注×4，表示四个角都设置；注写连梁一侧折线筋配筋值，并标注×2，表明对称设置。

⑦ 当连梁设有集中对角斜筋时［代号为 LL(DX)××］，注写一条对角线上的对角斜筋，并标注×2，表明对称设置。

⑧ 跨高比不小于 5 的连梁，按框架梁设计时（代号为 LLk××），采用平面注写方式，注写规则同框架梁，可采用适当比例单独绘制，也可与剪力墙平法施工图合并绘制。

墙梁侧面纵筋的配置，当墙身水平分布钢筋满足连梁、暗梁及边框梁的梁侧面纵向构造钢筋的要求时，该筋配置同墙身水平分布钢筋，表中不注，施工按标准构造详图的要求即可。当墙身水平分布钢筋不满足连梁、暗梁及边框梁的梁侧面纵向构造钢筋的要求时，应在表中补充注明梁侧面纵筋的具体数值；当为 LLk 时，平面注写方式以大写字母"N"打头。梁侧面纵向钢筋在支座内锚固要求同连梁中受力钢筋。

2.3　梁构件施工图识读

2.3.1　梁构件平法表达方式

梁平法施工图是在梁平面布置图上采用平面注写方式或截面注写方式表达，平面注写方式在实际工程中应用较广，故本书主要讲解平面注写方式。

平面注写方式是在梁平面布置图上，分别在不同编号的梁中各选一根梁，在其上注写截面尺寸和配筋具体数值的方式来表达梁平法施工图，如图 2-16 所示。

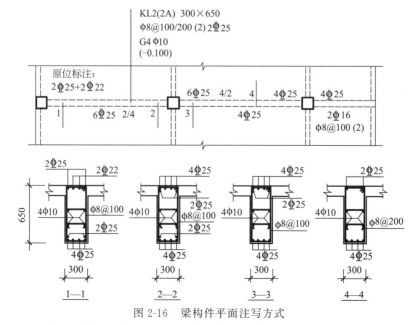

图 2-16　梁构件平面注写方式

注：图中 4 个梁截面是采用传统表示方法绘制的，用于对比按平面注写方式表达的同样内容。实际采用平面注写方式表达时，不需绘制梁截面配筋图和图中的相应截面号。

平面注写包括集中标注与原位标注，如图 2-17 所示。集中标注表达梁的通用数值，原位标注表达梁的特殊数值。当集中标注中的某项数值不适用于梁的某部位时，则将该项数值原位标注，施工时，原位标注取值优先。

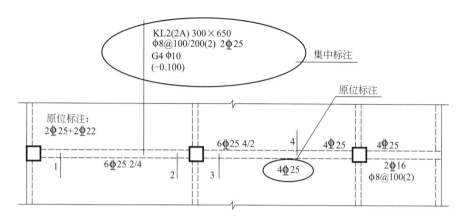

图 2-17 梁构件的集中标注与原位标注

2.3.2 梁构件集中标注识图

梁构件集中标注包括编号、截面尺寸、箍筋、上下部通长筋（或架立筋）、侧部构造（或受扭钢筋）这五项必注内容及一项选注值（集中标注可以从梁的任意一跨引出），如图 2-18 所示。

2.3.2.1 梁编号

梁编号由"代号""序号""跨数及是否带有悬挑"三项组成，如图 2-19 所示，其具体表示方法见表 2-5。

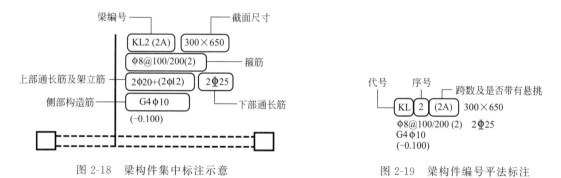

图 2-18 梁构件集中标注示意   图 2-19 梁构件编号平法标注

表 2-5 梁编号

梁类型	代号	序号	跨数及是否带有悬挑
楼层框架梁	KL	××	(××)、(××A)或(××B)
楼层框架扁梁	KBL	××	(××)、(××A)或(××B)
屋面框架梁	WKL	××	(××)、(××A)或(××B)
非框架梁	L	××	(××)、(××A)或(××B)
框支梁	KZL	××	(××)、(××A)或(××B)

续表

梁类型	代号	序号	跨数及是否带有悬挑
托柱转换梁	TZL	××	（××）、（××A）或（××B）
悬挑梁	XL	××	（××）、（××A）或（××B）
井字梁	JZL	××	（××）、（××A）或（××B）

注：1.（××A）为一端有悬挑，（××B）为两端有悬挑，悬挑不计入跨数。

2. 楼层框架扁梁节点核心区代号 KBH。

3. 非框架梁 L、井字梁 JZL 表示端支座为铰接；当非框架梁 L、井字梁 JZL 端支座上部纵筋为充分利用钢筋的抗拉强度时，在梁代号后加"g"。

【例 2-5】 KL7（5A）表示第 7 号框架梁，5 跨，一端有悬挑。

【例 2-6】 L9（7B）表示第 9 号非框架梁，7 跨，两端有悬挑。

【例 2-7】 Lg7（5）表示第 7 号非框架梁，5 跨，端支座上部纵筋为充分利用钢筋的抗拉强度。

2.3.2.2　梁截面尺寸

梁构件截面尺寸平法识图见表 2-6。

表 2-6　梁构件截面尺寸平法识图

情况		表示方法	说明及识图要点
等截面		$b \times h$	宽×高，注意梁高是指含板厚在内的梁高度
加腋梁	竖向加腋梁	$b \times h$ Y$c_1 \times c_2$	c_1 表示腋长，c_2 表示腋高 300×750 Y500×250
	水平加腋梁	$b \times h$ PY$c_1 \times c_2$	c_1 表示腋长，c_2 表示腋宽 300×700 PY500×250

续表

情况	表示方法	说明及识图要点
悬挑变截面	$b \times h_1/h_2$	h_1 为悬挑根部高度，h_2 为悬挑远端高度 $b \times h_1/h_2$ 如：　300×700/500
异形截面梁	绘制断面图 表达异形 截面尺寸	

2.3.2.3　梁箍筋

梁箍筋包括钢筋级别、直径、加密区与非加密区间距及肢数，该项为必注值。箍筋加密区与非加密区的不同间距及肢数需用斜线"/"分隔；当梁箍筋为同一种间距及肢数时，则不需用斜线；当加密区与非加密区的箍筋肢数相同时，则将肢数注写一次；箍筋肢数应写在括号内。加密区范围见相应抗震等级的标准构造详图。

【例 2-8】　φ10@100/200(4)，表示箍筋为 HPB300 钢筋，直径为 10mm，加密区间距为 100mm，非加密区间距为 200mm，均为四肢箍。

【例 2-9】　φ8@100(4)/150(2)，表示箍筋为 HPB300 钢筋，直径为 8mm，加密区间距为 100mm，四肢箍；非加密区间距为 150mm，双肢箍。

非框架梁、悬挑梁、井字梁采用不同的箍筋间距及肢数时，也用斜线"/"将其分隔开来。注写时，先注写梁支座端部的箍筋（包括箍筋的箍数、钢筋级别、直径、间距与肢数），在斜线后注写梁跨中部分的箍筋间距及肢数。

【例 2-10】　13φ10@150/200(4)，表示箍筋为 HPB300 钢筋，直径为 10mm；梁的两端各有 13 个四肢箍，间距为 150mm；梁跨中部分间距为 200mm，四肢箍。

【例 2-11】　18φ12@150(4)/200(2)，表示箍筋为 HPB300 钢筋，直径为 12mm；梁的两端各有 18 个四肢箍，间距为 150mm；梁跨中部分，间距为 200mm，双肢箍。

2.3.2.4　梁上部通长筋或架立筋配置

梁上部通长筋或架立筋配置（通长筋可为相同或不同直径采用搭接连接、机械连接或焊接的钢筋），该项为必注值。所注规格与根数应根据结构受力要求及箍筋肢数等构造要求而定。当同排纵筋中既有通长筋又有架立筋时，应用"+"将通长筋和架立筋相连。注写时需将角部纵筋写在加号的前面，架立筋写在加号后面的括号内，以示不同直径及与通长筋的区别。当全部采用架立筋时，则将其写入括号内。

【例 2-12】　2Φ22 用于双肢箍；2Φ22+(4φ12) 用于六肢箍，其中 2Φ22 为通长筋，4φ12 为架立筋。

2.3.2.5　梁下部通长筋

当梁的上部纵筋和下部纵筋为全跨相同，且多数跨配筋相同时，此项可加注下部纵筋的配筋值，用"；"将上部与下部纵筋的配筋值分隔开来表达。少数跨不同者，则将该项数值原位标注。

【例 2-13】　3ϕ22；3ϕ20表示梁的上部配置3ϕ22的通长筋，梁的下部配置3ϕ20的通长筋。

2.3.2.6　梁侧面纵向构造钢筋或受扭钢筋配置

当梁腹板高度h_w≥450mm时，需配置纵向构造钢筋，所注规格与根数应符合规范规定。此项注写值以大写字母"G"打头，接续注写设置在梁两个侧面的总配筋值，且对称配置。

【例 2-14】　G 4ϕ12，表示梁的两个侧面共配置4ϕ12的纵向构造钢筋，每侧各配置2ϕ12。

当梁侧面需配置受扭纵向钢筋时，此项注写值以大写字母"N"打头，注写配置在梁两个侧面的总配筋值，且对称配置。受扭纵向钢筋应满足梁侧面纵向构造钢筋的间距要求，且不再重复配置纵向构造钢筋。

【例 2-15】　N 6ϕ22，表示梁的两个侧面共配置6ϕ22的受扭纵向钢筋，每侧各配置3ϕ22。

注：1. 当为梁侧面构造钢筋时，其搭接与锚固长度可取为15d。

2. 当为梁侧面受扭纵向钢筋时，其搭接长度为l_l或l_{lE}；锚固长度为l_a或l_{aE}；其锚固方式同框架梁下部纵筋。

2.3.2.7　梁顶面标高高差

梁顶面标高高差，系指相对于结构层楼面标高的高差值，对于位于结构夹层的梁，则指相对于结构夹层楼面标高的高差。有高差时，需将其写入括号内，无高差时不注。

注：当某梁的顶面高于所在结构层的楼面标高时，其标高高差为正值，反之为负值。

2.3.3　梁构件原位标注识图

2.3.3.1　梁支座上部纵筋

梁支座上部纵筋，该部位含通长筋在内的所有纵筋，如图2-20所示。

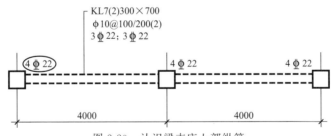

图 2-20　认识梁支座上部纵筋

注：4ϕ22是指该位置共有4根直径22的钢筋，其中包括集中标注中的上部通长筋，另外1根就是支座负筋。

梁支座上部纵筋识图见表2-7。

表 2-7　梁支座上部纵筋识图

图　　例	识　　图	标准说明
KL6(2) 300×500 ϕ8@100/200 (2) 4ϕ25；2ϕ25 6ϕ25　4/2 4000	上下两排，上排4ϕ25是上部通长筋，下排2ϕ25是支座负筋	当上部纵筋多于一排时，用斜线"/"将各排纵筋自上而下分开

续表

图　例	识　图	标准说明
KL6(2) 300×500 Φ8@100/200 (2) 4Φ25; 2Φ25 6Φ25　4/2	中间支座两边配筋均为上下两排,上排 4Φ25 是上部通长筋,下排 2Φ25 是支座负筋	当梁中间支座两边的上部纵筋相同时,可仅在支座的一边标注配筋值,另一边省去不注
KL6(2) 300×500 Φ8@100/200 (2) 4Φ25; 2Φ25 4Φ25　6Φ25　4/2	2 支座左侧标注 4Φ25 全部是通长筋,右侧的 6Φ25,上排 4 根为通筋,下排 2 根为支座负筋	当梁中间支座两边的上部纵筋不同时,须在支座两边分别标注
KL6(2) 300×500 Φ8@100/200 (2) 4Φ25; 2Φ20 4Φ25+2Φ20	其中,2Φ25 是集中标注的上部通长筋,2Φ20 是支座负筋	当同排纵筋有两种直径时,用"+"将两种直径的纵筋相连,注写时将角部纵筋写在前面

2.3.3.2　梁下部纵筋

(1) 当下部纵筋多于一排时,用斜线"/"将各排纵筋自上而下分开。

(2) 当同排纵筋有两种直径时,用"+"将两种直径的纵筋相连,注写时角部纵筋写在前面。

(3) 当梁下部纵筋不全部伸入支座时,将梁支座下部纵筋减少的数量写在括号内。

(4) 当梁的集中标注中已分别注写了梁上部和下部均为通长的纵筋值时,则不需在梁下部重复作原位标注。

(5) 当梁设置竖向加腋时,加腋部位下部斜纵筋应在支座下部以"Y"打头注写在括号内 (图 2-21),框架梁竖向加腋结构适用于加腋部位参与框架梁计算,其他情况设计者应另行给出构造。当梁设置水平加腋时,水平加腋内上、下部斜纵筋应在加腋支座上部以"Y"打头注写在括号内,上、下部斜纵筋之间用"/"分隔 (图 2-22)。

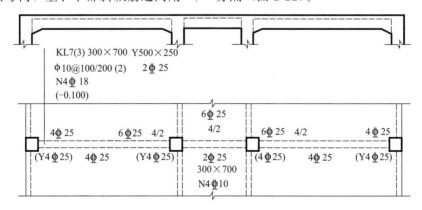

图 2-21　梁竖向加腋平面注写方式

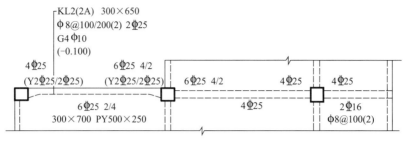

图 2-22　梁水平加腋平面注写方式

2.3.3.3　原位标注修正内容

当在梁上集中标注的内容（即梁截面尺寸、箍筋、上部通长筋或架立筋，梁侧面纵向构造钢筋或受扭纵向钢筋，以及梁顶面标高高差中的某一项或几项数值）不适用于某跨或某悬挑部分时，则将其不同数值原位标注在该跨或该悬挑部位，施工时应按原位标注数值取用。

当在多跨梁的集中标注中已注明加腋，而该梁某跨的根部却不需要加腋时，则应在该跨原位标注等截面的 $b×h$，以修正集中标注中的加腋信息，如图 2-22 所示。

2.3.3.4　附加箍筋或吊筋

将其直接画在平面图中的主梁上，用线引注总配筋值（附加箍筋的肢数注写在括号内），如图 2-23 所示。当多数附加箍筋或吊筋相同时，可在梁平法施工图上统一注明，少数与统一注明值不同时，再原位引注。

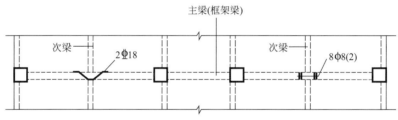

图 2-23　附加箍筋和吊筋的画法示例

（1）附加箍筋。附加箍筋的平法标注，见图 2-24，表示每边各加 3 根，共 6 根附加箍筋，双肢箍。

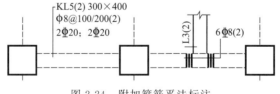

图 2-24　附加箍筋平法标注

（2）附加吊筋。附加吊筋的平法标注，见图 2-25，表示 2 根直径 14 的吊筋。

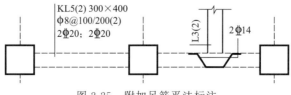

图 2-25　附加吊筋平法标注

（3）悬挑端配筋信息。悬挑端若与梁集中标注的配筋信息不同，则在原位进行标注，见图 2-26。

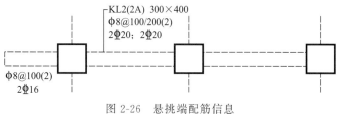

图 2-26 悬挑端配筋信息

2.4 板构件施工图识读

2.4.1 有梁楼盖板平法识图

2.4.1.1 有梁楼盖平法施工图的表示方法

（1）有梁楼盖板平法施工图，是在楼面板和屋面板布置图上，采用平面注写的表达方式。板平面注写主要包括板块集中标注和板支座原位标注。

板构件的平面表达方式如图 2-27 所示。

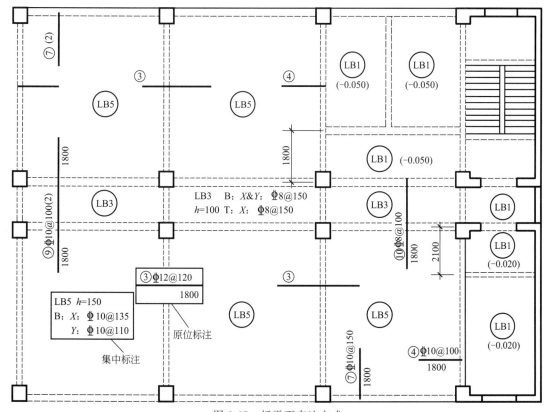

图 2-27 板平面表达方式

（2）为方便设计表达和施工识图，规定结构平面的坐标方向如下。

① 当两向轴网正交布置时，图面从左至右为 X 向，从下至上为 Y 向。

② 当轴网转折时，局部坐标方向顺轴网转折角度作相应转折。

③ 当轴网向心布置时，切向为 X 向，径向为 Y 向。

此外，对于平面布置比较复杂的区域，例如轴网转折交界区域、向心布置的核心区域等，其平面坐标方向应由设计者另行规定并且在图上明确表示。

2.4.1.2　板块集中标注识图

有梁楼盖板的集中标注，按"板块"进行划分，就类似前面章节讲解筏形基础时的"板区"。"板块"的概念：对于普通楼盖，两向（X 和 Y 两个方向）均以一跨为一板块；对于密肋楼盖，两向主梁（框架梁）均以一跨为一板块，见图 2-28。

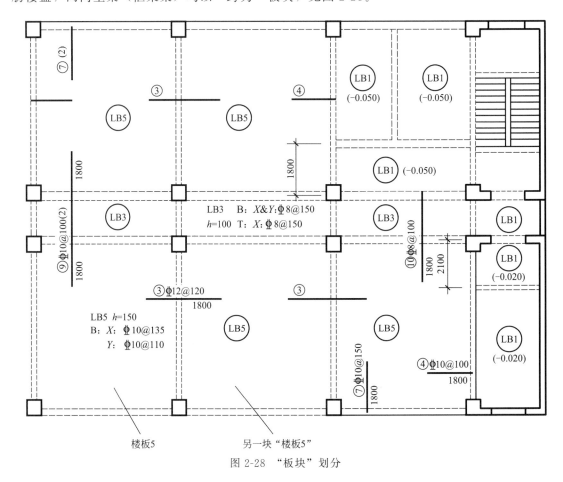

图 2-28　"板块"划分

（1）板块集中标注的内容包括板块编号、板厚、上部贯通纵筋、下部纵筋，以及当板面标高不同时的标高高差，如图 2-29 所示。

对于普通楼面，两向均以一跨为一板块；对于密肋楼盖，两向主梁（框架梁）均以一跨为一板块（非主梁密肋不计）。所有板块应逐一编号，相同编号的板块可择其一作集中标注，其他仅注写置于圆圈内的板编号，以及当板面标高不同时的标高高差。

板块编号应符合表 2-8 的规定。

表 2-8　板块编号

板类型	代号	序号
楼面板	LB	××
屋面板	WB	××
悬挑板	XB	××

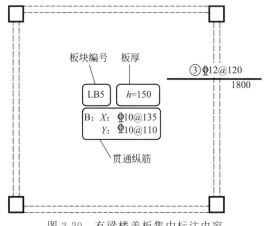

图 2-29　有梁楼盖板集中标注内容

板厚注写为 $h=\times\times\times$（h 为垂直于板面的厚度）；当悬挑板的端部改变截面厚度时，用斜线分隔根部与端部的高度值，注写为 $h=\times\times\times/\times\times\times$；当设计已在图注中统一注明板厚时，此项可不注。

纵筋按板块的下部纵筋和上部贯通纵筋分别注写（当板块上部不设贯通纵筋时则不注），并以"B"代表下部纵筋，"T"代表上部贯通纵筋，"B&T"代表下部与上部；X 向纵筋以"X"打头，Y 向纵筋以"Y"打头，两向纵筋配置相同时则以"X&Y"打头。

当为单向板时，分布筋可不必注写，而在图中统一注明。

当在某些板内（例如在悬挑板 XB 的下部）配置有构造钢筋时，则 X 向以"Xc"打头，Y 向以"Yc"打头注写。

当 Y 向采用放射配筋时（切向为 X 向，径向为 Y 向），设计者应注明配筋间距的定位尺寸。

当纵筋采用两种规格钢筋"隔一布一"方式时，表达为 $\phi xx/yy@\times\times\times$，表示直径为 xx 的钢筋和直径为 yy 的钢筋二者之间间距为 $\times\times\times$，直径 xx 的钢筋的间距为 $\times\times\times$ 的 2 倍，直径 yy 的钢筋的间距为 $\times\times\times$ 的 2 倍。

板面标高高差是指相对于结构层楼面标高的高差，应将其注写在括号内，并且有高差则注写，无高差不注。

（2）同一编号板块的类型、板厚和纵筋均应相同，但是板面标高、跨度、平面形状以及板支座上部非贯通纵筋可以不同，同一编号板块的平面形状可为矩形、多边形及其他形状等。施工预算时，应根据其实际平面形状，分别计算各块板的混凝土与钢材用量。

设计与施工应注意：单向或双向连续板的中间支座上部同向贯通纵筋，不应在支座位置连接或分别锚固。当相邻两跨的板上部贯通纵筋配置相同，且跨中部位有足够空间连接时，可在两跨任意一跨的跨中连接部位连接；当相邻两跨的上部贯通纵筋配置不同时，应将配置较大者越过其标注的跨数终点或起点伸至相邻跨的跨中连接区域连接。

设计应注意板中间支座两侧上部纵筋的协调配置，施工及预算应按具体设计和相应标准构造要求实施。等跨与不等跨板上部纵筋的连接有特殊要求时，其连接部位及方式应由设计者注明。对于梁板式转换层楼板，板下部纵筋在支座内的锚固长度不应小于 l_a。

当悬挑板需要考虑竖向地震作用时，下部纵筋伸入支座内长度不应小于 l_{aE}。

2.4.1.3　板支座原位标注识图

（1）板支座原位标注的内容包括：板支座上部非贯通纵筋和悬挑板上部受力钢筋。

板支座原位标注的钢筋，应在配置相同跨的第一跨表达（当在梁悬挑部位单独配置时则在原位表达）。在配置相同跨的第一跨（或梁悬挑部位），垂直于板支座（梁或墙）绘制一段适宜长度的中粗实线（当该通长筋设置在悬挑板或短跨板上部时，实线段应画至对边或贯通短跨），以该线段代表支座上部非贯通纵筋，并在线段上方注写钢筋编号（例如①、②等）、配筋值、横向连续布置的跨数（注写在括号内，并且当为一跨时可不注），以及是否横向布置到梁的悬挑端。

板支座上部非贯通筋自支座中线向跨内的伸出长度，注写在线段的下方位置。

当中间支座上部非贯通纵筋向支座两侧对称伸出时，可仅在支座一侧线段下方注写伸出长度，另一侧不注，如图 2-30 所示。

当向支座两侧非对称伸出时，应分别在支座两侧线段下方注写伸出长度，如图 2-31 所示。

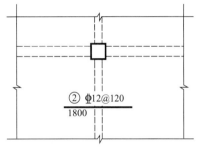

图 2-30　板支座上部非贯通筋对称伸出

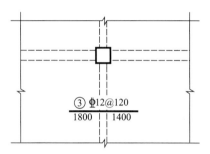

图 2-31　板支座上部非贯通筋非对称伸出

对线段画至对边贯通全跨或贯通全悬挑长度的上部通长纵筋，贯通全跨或伸出至全悬挑一侧的长度值不注，只注明非贯通筋另一侧的伸出长度值，如图 2-32 所示。

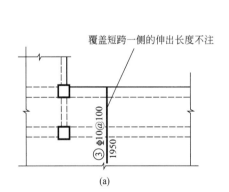

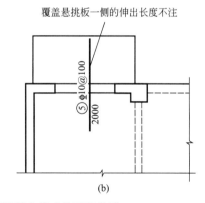

图 2-32　板支座上部非贯通筋贯通全跨或伸至悬挑端
（a）板支座上部非贯通筋贯通全跨；（b）板支座上部非贯通筋伸至挑端

当板支座为弧形，支座上部非贯通纵筋呈放射状分布时，设计者应注明配筋间距的度量位置并加注"放射分布"四字，必要时应补绘平面配筋图，如图 2-33 所示。

关于悬挑板的注写方式如图 2-34 所示。当悬挑板端部厚度不小于 150mm 时，设计者应指定板端部封边构造方式，当采用 U 形钢筋封边时，尚应指定 U 形钢筋的规格、直径。

在板平面布置图中，不同部位板支座上部非贯通纵筋及悬挑板上部受力钢筋，可仅在一个部位注写，对其他相同者则仅需在代表钢筋的线段上注写编号及按本条规则注写横向连续布置的跨数即可。

此外，与板支座上部非贯通纵筋垂直且绑扎在一起的构造钢筋或分布钢筋，应由设计者

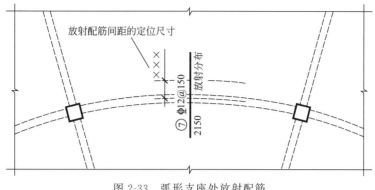

图 2-33　弧形支座处放射配筋

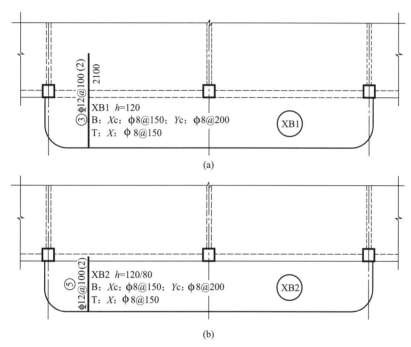

(a)

(b)

图 2-34　悬挑板支座非贯通筋
（a）悬挑板注写方式（一）；（b）悬挑板注写方式（二）

在图中注明。

（2）当板的上部已配置有贯通纵筋，但需增配板支座上部非贯通纵筋时，应结合已配置的同向贯通纵筋的直径与间距采取"隔一布一"方式配置。

"隔一布一"方式为非贯通纵筋的标注间距与贯通纵筋相同，两者组合后的实际间距为各自标注间距的 1/2。当设定贯通纵筋为纵筋总截面面积的 50% 时，两种钢筋应取相同直径；当设定贯通纵筋大于或小于总截面面积的 50% 时，两种钢筋则取不同直径。

2.4.2　无梁楼盖平法施工图识读

2.4.2.1　无梁楼盖平法施工图的表示方法

（1）无梁楼盖平法施工图是在楼面板和屋面板布置图上，采用平面注写的表达方式。

（2）板平面注写主要有板带集中标注、板带支座原位标注两部分内容。

2.4.2.2　板带集中标注

（1）集中标注应在板带贯通纵筋配置相同跨的第一跨（X 向为左端跨，Y 向为下端跨）注写。相同编号的板带可择其一作集中标注，其他仅注写板带编号（注在圆圈内）。

板带集中标注的具体内容为：板带编号，板带厚及板带宽和贯通纵筋。

板带编号应符合表 2-9 的规定。

表 2-9　板带编号

板带类型	代号	序号	跨数及有无悬挑
柱上板带	ZSB	××	(××)、(××A)或(××B)
跨中板带	KZB	××	(××)、(××A)或(××B)

注：1. 跨数按柱网轴线计算（两相邻柱轴线之间为一跨）。
　　2. (××A) 为一端有悬挑，(××B) 为两端有悬挑，悬挑不计入跨数。

板带厚注写为 $h=×××$，板带宽注写为 $b=×××$。当无梁楼盖整体厚度和板带宽度已在图中注明时，此项可不注。

贯通纵筋按板带下部和板带上部分别注写，并以"B"代表下部，"T"代表上部，"B&T"代表下部和上部。当采用放射配筋时，设计者应注明配筋间距的度量位置，必要时补绘配筋平面图。

设计与施工应注意：相邻等跨板带上部贯通纵筋应在跨中 1/3 净跨长范围内连接；当同向连续板带的上部贯通纵筋配置不同时，应将配置较大者越过其标注的跨数终点或起点伸至相邻跨的跨中连接区域连接。

设计应注意板带中间支座两侧上部贯通纵筋的协调配置，施工及预算应按具体设计和相应标准构造要求实施。等跨与不等跨板上部贯通纵筋的连接构造要求见相关标准构造详图；当具体工程对板带上部纵向钢筋的连接有特殊要求时，其连接部位及方式应由设计者注明。

（2）当局部区域的板面标高与整体不同时，应在无梁楼盖的板平法施工图上注明板面标高高差及分布范围。

2.4.2.3　板带支座原位标注

（1）板带支座原位标注的具体内容为：板带支座上部非贯通纵筋。

以一段与板带同向的中粗实线段代表板带支座上部非贯通纵筋；对柱上板带，实线段贯穿柱上区域绘制；对跨中板带，实线段横贯柱网轴线绘制。在线段上注写钢筋编号（例如①、②等）、配筋值及在线段的下方注写自支座中线向两侧跨内的伸出长度。

当板带支座非贯通纵筋自支座中线向两侧对称伸出时，其伸出长度可仅在一侧注写；当配置在有悬挑端的边柱上时，该筋伸出到悬挑尽端，设计不注。当支座上部非贯通纵筋呈放射分布时，设计者应注明配筋间距的定位位置。

不同部位的板带支座上部非贯通纵筋相同者，可仅在一个部位注写，其余则在代表非贯通纵筋的线段上注写编号。

（2）当板带上部已经配有贯通纵筋，但需增加配置板带支座上部非贯通纵筋时，应结合已配同向贯通纵筋的直径与间距，采取"隔一布一"的方式配置。

2.4.2.4　暗梁的表示方法

（1）暗梁平面注写包括暗梁集中标注、暗梁支座原位标注两部分内容。施工图中在柱轴线处画中粗虚线表示暗梁。

（2）暗梁集中标注包括暗梁编号、暗梁截面尺寸（箍筋外皮宽度×板厚）、暗梁箍筋、暗梁上部通长筋或架立筋四部分内容。暗梁编号应符合表 2-10 的规定。

表 2-10　暗梁编号

构件类型	代号	序号	跨数及有无悬挑
暗梁	AL	××	(××)、(××A)或(××B)

注：1.跨数按柱网轴线计算（两相邻柱轴线之间为一跨）。
2.(××A)为一端有悬挑，(××B)为两端有悬挑，悬挑不计入跨数。

（3）暗梁支座原位标注包括梁支座上部纵筋、梁下部纵筋。当在暗梁上集中标注的内容不适用于某跨或某悬挑端时，则将其不同数值标注在该跨或该悬挑端，施工时按原位注写取值。

（4）当设置暗梁时，柱上板带及跨中板带标注方式与板带集中标注和板支座原位标注的内容一致。柱上板带标注的配筋仅设置在暗梁之外的柱上板带范围内。

（5）暗梁中纵向钢筋连接、锚固及支座上部纵筋伸出长度等要求同轴线处柱上板带中纵向钢筋。

2.4.3　楼板相关构造平法施工图识读

2.4.3.1　楼板相关构造类型与表示方法

（1）楼板相关构造的平法施工图设计是在板平法施工图上采用直接引注方式表达。

（2）楼板相关构造编号应符合表 2-11 的规定。

表 2-11　楼板相关构造类型与编号

构造类型	代号	序号	说　明
纵筋加强带	JQD	××	以单向加强纵筋取代原位置配筋
后浇带	HJD	××	有不同的留筋方式
柱帽	ZM×	××	适用于无梁楼盖
局部升降板	SJB	××	板厚及配筋与所在板相同；构造升降高度≤300mm
板加腋	JY	××	腋高与腋宽可选注
板开洞	BD	××	最大边长或直径<1000mm；加强筋长度有全跨贯通和自洞边锚固两种
板翻边	FB	××	翻边高度≤300mm
角部加强筋	Crs	××	以上部双向非贯通加强钢筋取代原位置的非贯通配筋
悬挑板阴角附加筋	Cis	××	板悬挑阴角上部斜向附加钢筋
悬挑板阳角放射筋	Ces	××	板悬挑阳角上部放射筋
抗冲切箍筋	Rh	××	通常用于无柱帽无梁楼盖的柱顶
抗冲切弯起筋	Rb	××	

2.4.3.2　楼板相关构造直接引注

（1）纵筋加强带 JQD 的引注。纵筋加强带的平面形状及定位由平面布置图表达，加强带内配置的加强贯通纵筋等由引注内容表达。

纵筋加强带设单向加强贯通纵筋，取代其所在位置板中原配置的同向贯通纵筋。根据受力需要，加强贯通纵筋可在板下部配置，也可在板下部和上部均设置。纵筋加强带的引注如图 2-35 所示。

当板下部和上部均设置加强贯通纵筋，而板带上部横向无配筋时，加强带上部横向配筋应由设计者注明。

当将纵筋加强带设置为暗梁形式时应注写箍筋，其引注如图 2-36 所示。

（2）后浇带 HJD 的引注。后浇带的平面形状以及定位由平面布置图表达，后浇带留筋方

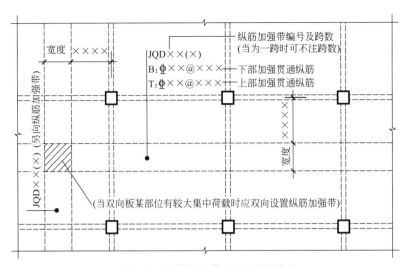

图 2-35 纵筋加强带 JQD 引注图示

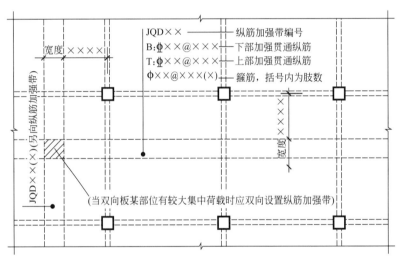

图 2-36 纵筋加强带 JQD 引注图示（暗梁形式）

式等由引注内容表达。

① 后浇带编号以及留筋方式代号。后浇带的两种留筋方式分别为：贯通和 100% 搭接。

② 后浇混凝土的强度等级 C××。宜采用补偿收缩混凝土，设计应注明相关施工要求。

③ 当后浇带区域留筋方式或后浇混凝土强度等级不一致时，设计者应在图中注明与图示不一致的部位及做法。

后浇带引注如图 2-37 所示。

贯通钢筋的后浇带宽度通常取大于或等于 800mm；100% 搭接钢筋的后浇带宽度通常取 800mm 与 $(l_l+60$ 或 $l_{lE}+60)$ 的较大值 $(l_l$、l_{lE} 分别为受拉钢筋搭接长度、受拉钢筋抗震搭接长度)。

（3）柱帽 ZM× 的引注。见图 2-38～图 2-41。柱帽的平面形状包括矩形、圆形或多边形等，其平面形状由平面布置图表达。

柱帽的立面形状有单倾角柱帽 ZMa（图 2-38）、托板柱帽 ZMb（图 2-39）、变倾角柱帽 ZMc（图 2-40）和倾角托板柱帽 ZMab（图 2-41）等，其立面几何尺寸和配筋由具体的引注内容表达。图中 c_1、c_2 当 X、Y 方向不一致时，应标注 $(c_{1,X}$，$c_{1,Y})$、$(c_{2,X}$，$c_{2,Y})$。

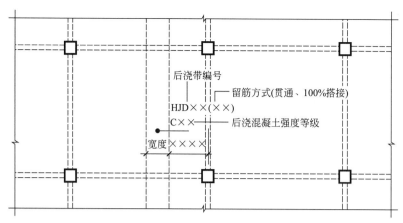

图 2-37　后浇带 HJD 引注图示

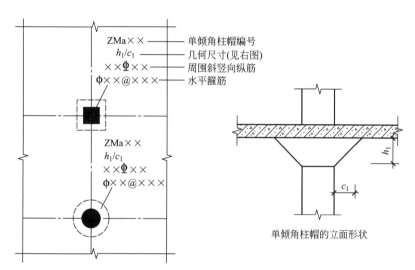

图 2-38　单倾角柱帽 ZMa 引注图示

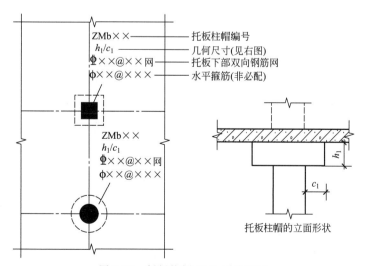

图 2-39　托板柱帽 ZMb 引注图示

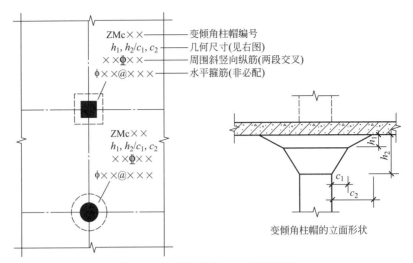

图 2-40　变倾角柱帽 ZMc 引注图示

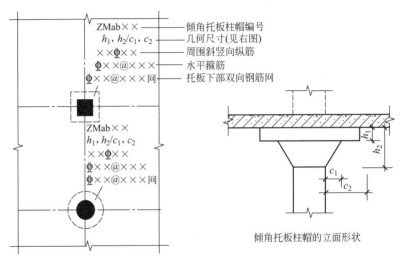

图 2-41　倾角托板柱帽 ZMab 引注图示

（4）局部升降板 SJB 的引注。见图 2-42。局部升降板的平面形状及定位由平面布置图表达，其他内容由引注内容表达。

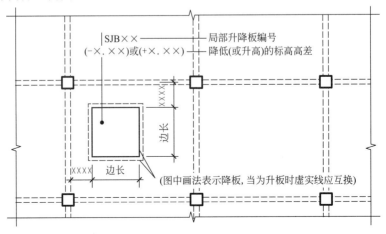

图 2-42　局部升降板 SJB 引注图示

局部升降板的板厚、壁厚和配筋，在标准构造详图中取与所在板块的板厚和配筋相同，设计不注；当采用不同板厚、壁厚和配筋时，设计应补充绘制截面配筋图。

局部升降板升高与降低的高度，在标准构造详图中限定为小于或等于 300mm，当高度大于 300mm 时，设计应补充绘制截面配筋图。

设计应注意：局部升降板的下部与上部配筋均应设计为双向贯通纵筋。

（5）板加腋 JY 的引注。见图 2-43。板加腋的位置与范围由平面布置图表达，腋宽、腋高及配筋等由引注内容表达。

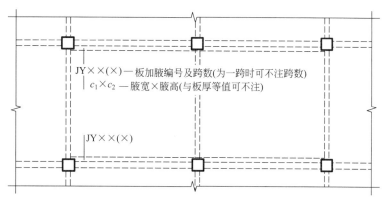

图 2-43　板加腋 JY 引注图示

当为板底加腋时，腋线应为虚线，当为板面加腋时，腋线应为实线；当腋宽与腋高同板厚时，设计不注。加腋配筋按标准构造，设计不注；当加腋配筋与标准构造不同时，设计应补充绘制截面配筋图。

（6）板开洞 BD 的引注。见图 2-44。板开洞的平面形状及定位由平面布置图表达，洞的几何尺寸等由引注内容表达。

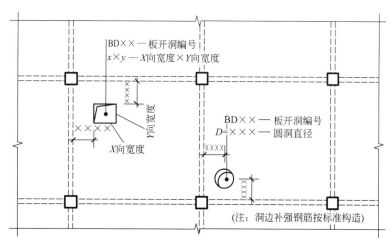

图 2-44　板开洞 BD 引注图示

当矩形洞口边长或圆形洞口直径小于或等于 1000mm，并且当洞边无集中荷载作用时，洞边补强钢筋可按标准构造的规定设置，设计不注；当洞口周边加强钢筋不伸至支座时，应在图中画出所有加强钢筋，并且标注不伸至支座的钢筋长度。当具体工程所需要的补强钢筋与标准构造不同时，设计应加以注明。

当矩形洞口边长或圆形洞口直径大于 1000mm，或虽小于或等于 1000mm 但是洞边有集中荷载作用时，设计应根据具体情况采取相应的处理措施。

　　（7）板翻边 FB 的引注。见图 2-45。板翻边可为上翻也可为下翻，翻边尺寸等在引注内容中表达，翻边高度在标准构造详图中为小于或等于 300mm。当翻边高度大于 300mm 时，由设计者自行处理。

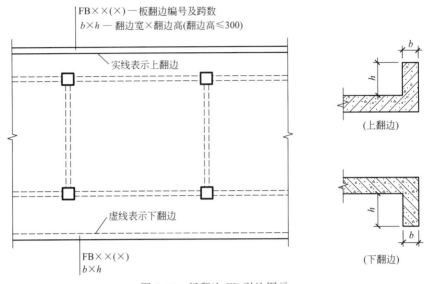

图 2-45　板翻边 FB 引注图示

　　（8）角部加强筋 Crs 的引注。如图 2-46 所示。角部加强筋一般用于板块角区的上部，根据规范规定的受力要求选择配置。角部加强筋将在其分布范围内取代原配置的板支座上部非贯通纵筋，且当其分布范围内配有板上部贯通纵筋时则间隔布置。

　　（9）悬挑板阴角附加筋 Cis 的引注。见图 2-47。悬挑板阴角附加筋系指在悬挑板的阴角部位斜放的附加钢筋，该附加钢筋设置在板上部悬挑受力钢筋的下面。

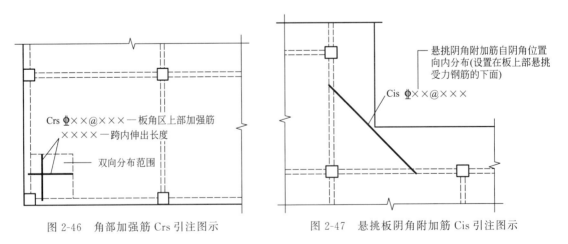

图 2-46　角部加强筋 Crs 引注图示　　　　　图 2-47　悬挑板阴角附加筋 Cis 引注图示

　　（10）悬挑板阳角附加筋 Ces 的引注。如图 2-48 所示。

　　【例 2-16】　注写 Ces7ϕ8，系表示悬挑板阳角放射筋为 7 根 HRB400 钢筋，直径为 8mm。构造筋 Ces 的个数按图 2-49 的原则确定，其中 $a \leqslant 200$mm。

　　（11）抗冲切箍筋 Rh 的引注。如图 2-50 所示。抗冲切箍筋一般在无柱帽无梁楼盖的柱顶部位设置。

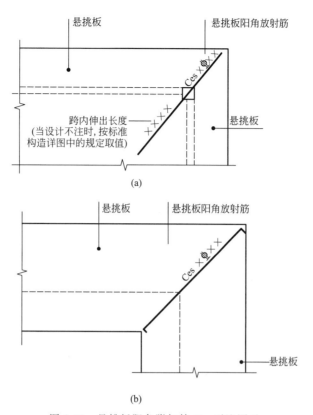

图 2-48 悬挑板阳角附加筋 Ces 引注图示

（a）悬挑板阳角附加筋 Ces 引注图示（一）；（b）悬挑板阳角附加筋 Ces 引注图示（二）

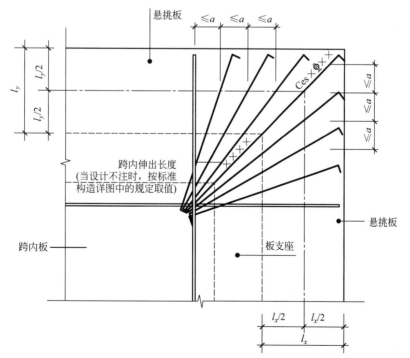

图 2-49 悬挑板阳角放射筋 Ces（l_x 与 l_y 分别为 X 方向与 Y 方向的悬挑长度）

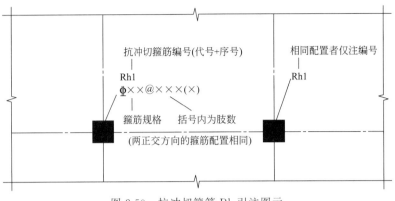

图 2-50　抗冲切箍筋 Rh 引注图示

（12）抗冲切弯起筋 Rb 的引注。如图 2-51 所示。抗冲切弯起筋一般也在无柱帽无梁楼盖的柱顶部位设置。

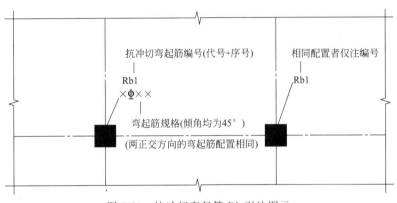

图 2-51　抗冲切弯起筋 Rb 引注图示

2.5　板式楼梯施工图识读

2.5.1　现浇混凝土板式楼梯平法施工图的表示方法

（1）现浇混凝土板式楼梯平法施工图，包括平面注写、剖面注写和列表注写三种表达方式。

《混凝土结构施工图平面整体表示方法制图规则和构造详图（现浇混凝土板式楼梯）》（16G101-2）制图规则主要表述梯板的表达方式，与楼梯相关的平台板、梯梁、梯柱的注写方式参见国家建筑标准设计图集《混凝土结构施工图平面整体表示方法制图规则和构造详图（现浇混凝土框架、剪力墙、梁、板）》（16G101-1）。

（2）楼梯平面布置图，应采用适当比例集中绘制，需要时绘制其剖面图。

（3）为方便施工，在集中绘制的板式楼梯平法施工图中，应当用表格或其他方式注明各结构层的楼面标高、结构层高及相应的结构层号。

2.5.2　楼梯类型

现浇混凝土板式楼梯包含 12 种类型，见表 2-12。

表 2-12 楼梯类型

梯板代号	适用范围		是否参与结构整体抗震计算
	抗震构造措施	适用结构	
AT	无	剪力墙、砌体结构	不参与
BT			
CT	无	剪力墙、砌体结构	不参与
DT			
ET	无	剪力墙、砌体结构	不参与
FT			
GT	无	剪力墙、砌体结构	不参与
ATa	有	框架结构、框剪结构中框架部分	不参与
ATb			不参与
ATc			参与
CTa	有	框架结构、框剪结构中框架部分	不参与
CTb			不参与

注：ATa、CTa 低端设滑动支座支承在梯梁上，ATb、CTb 低端设滑动支座支承在挑板上。

2.5.3 平面注写方式

（1）平面注写方式，系在楼梯平面布置图上注写截面尺寸和配筋具体数值的方式来表达楼梯施工图。包括集中标注和外围标注。

（2）楼梯集中标注的内容有五项，具体规定如下。

① 梯板类型代号与序号，如 AT××。

② 梯板厚度。注写方式为 $h=×××$。当为带平板的梯板且梯段板厚度和平板厚度不同时，可在梯段板厚度后面括号内以字母"P"打头注写平板厚度。

③ 踏步段总高度和踏步级数之间以"/"分隔。

④ 梯板支座上部纵筋、下部纵筋之间以";"分隔。

⑤ 梯板分布筋，以"F"打头注写分布钢筋具体值，该项也可在图中统一说明。

⑥ 对于 ATc 型楼梯尚应注明梯板两侧边缘构件纵向钢筋及箍筋。

（3）楼梯外围标注的内容，包括楼梯间的平面尺寸、楼层结构标高、层间结构标高、楼梯的上下方向、梯板的平面几何尺寸、平台板配筋、梯梁及梯柱配筋等。

（4）各类型梯板的平面注写要求见表 2-13。

表 2-13 各类型梯板的平面注写要求

梯板类型	注写要求	适用条件
AT 型楼梯	AT 型楼梯平面注写方式如图 2-52 所示。其中集中注写的内容有 5 项：第 1 项为梯板类型代号与序号 AT××；第 2 项为梯板厚度 h；第 3 项为踏步段总高度 H_s/踏步级数 $(m+1)$；第 4 项为上部纵筋及下部纵筋；第 5 项为梯板分布筋。设计示例如图 2-53 所示	两梯梁之间的矩形梯板全部由踏步段构成，即踏步两端均以梯梁为支座。凡是满足该条件的楼梯均可为 AT 型，如双跑楼梯、双分平行楼梯和剪刀楼梯
BT 型楼梯	BT 型楼梯平面注写方式如图 2-54 所示。其中集中注写的内容有 5 项：第 1 项为梯板类型代号与序号 BT××；第 2 项为梯板厚度 h；第 3 项为踏步段总高度 H_s/踏步级数 $(m+1)$；第 4 项为上部纵筋及下部纵筋；第 5 项为梯板分布筋。设计示例如图 2-55 所示	两梯梁之间的矩形梯板由低端平板和踏步段构成，两部分的一端各自以梯梁为支座。凡是满足该条件的楼梯均可为 BT 型，如双跑楼梯、双分平行楼梯和剪刀楼梯

梯板类型	注写要求	适用条件
CT 型楼梯	CT 型楼梯平面注写方式如图 2-56 所示。其中集中注写的内容有 5 项：第 1 项为梯板类型代号与序号 CT××；第 2 项为梯板厚度 h；第 3 项为踏步段总高度 H_s/踏步级数 $(m+1)$；第 4 项为上部纵筋及下部纵筋；第 5 项为梯板分布筋。设计示例如图 2-57 所示	两梯梁之间的矩形梯板由踏步段和高端平板构成，两部分的一端各自以梯梁为支座。凡是满足该条件的楼梯均可为 CT 型，如双跑楼梯、双分平行楼梯和剪刀楼梯
DT 型楼梯	DT 型楼梯平面注写方式如图 2-58 所示。其中集中注写的内容有 5 项：第 1 项为梯板类型代号与序号 DT××；第 2 项为梯板厚度 h；第 3 项为踏步段总高度 H_s/踏步级数 $(m+1)$；第 4 项为上部纵筋及下部纵筋；第 5 项为梯板分布筋。设计示例如图 2-59 所示	两梯梁之间的矩形梯板由低端平板、踏步段和高端平板构成，高、低端平板的一端各自以梯梁为支座。凡是满足该条件的楼梯均可为 DT 型，如双跑楼梯、双分平行楼梯和剪刀楼梯
ET 型楼梯	ET 型楼梯平面注写方式如图 2-60 所示。其中集中注写的内容有 5 项：第 1 项为梯板类型代号与序号 ET××；第 2 项为梯板厚度 h；第 3 项为踏步段总高度 H_s/踏步级数 (m_l+m_h+2)；第 4 项为上部纵筋；下部纵筋；第 5 项为梯板分布筋。设计示例如图 2-61 所示	两梯梁之间的矩形梯板由低端踏步段、中位平板和高端踏步段构成，高、低端踏步段的一端各自以梯梁为支座。凡是满足该条件的楼梯均可为 ET 型
FT 型楼梯	FT 型楼梯平面注写方式如图 2-62 与图 2-63 所示。其中集中注写的内容有 5 项：第 1 项梯板类型代号与序号 FT××；第 2 项梯板厚度 h，当平板厚度与梯板厚度不同时，板厚标注方式应符合相关规定的内容；第 3 项踏步段总高度 H_s/踏步级数 $(m+1)$；第 4 项梯板上部纵筋及下部纵筋；第 5 项梯板分布筋（梯板分布钢筋也可在平面图中注写或统一说明）。原位注写的内容为楼层与层间平板上、下部横向配筋	①矩形梯板由楼层平板、两跑踏步段与层间平板三部分构成，楼梯间内不设置梯梁 ②楼层平板及层间平板均采用三边支承，另一边与踏步段相连 ③同一楼层内各踏步段的水平长相等，高度相等（即等分楼层高度）。凡是满足以上条件的可为 FT 型，如双跑楼梯
GT 型楼梯	GT 型楼梯平面注写方式如图 2-64 与图 2-65 所示。其中集中注写的内容有 5 项：第 1 项梯板类型代号与序号 GT××；第 2 项梯板厚度 h，当平板厚度与梯板厚度不同时，板厚标注方式应符合相关规定的内容；第 3 项踏步段总高度 H_s/踏步级数 $(m+1)$；第 4 项梯板上部纵筋及下部纵筋；第 5 项梯板分布筋（梯板分布钢筋也可在平面图中注写或统一说明）。原位注写的内容为楼层与层间平板上部纵向与横向配筋	①楼梯间设置楼层梯梁，但不设置层间梯梁；矩形梯板由两跑踏步段与层间平台板两部分构成 ②层间平台板采用三边支承，另一边与踏步段的一端相连，踏步段的另一端以楼层梯梁为支座 ③同一楼层内各踏步段的水平长度相等高度相等（即等分楼层高度）。凡是满足以上要求的可为 GT 型，如双跑楼梯、双分平行楼梯等
ATa 型楼梯	ATa 型楼梯平面注写方式如图 2-66 所示。其中集中注写的内容有 5 项：第 1 项为梯板类型代号与序号 ATa××；第 2 项为梯板厚度 h；第 3 项为踏步段总高度 H_s/踏步级数 $(m+1)$；第 4 项为上部纵筋及下部纵筋；第 5 项为梯板分布筋	两梯梁之间的矩形梯板由踏步段构成，即踏步段两端均以梯梁为支座，且梯板低端支承处做成滑动支座，滑动支座直接落在梯梁上。框架结构中，楼梯中间平台通常设梯柱、梁，中间平台可与框架柱连接
ATb 型楼梯	ATb 型楼梯平面注写方式如图 2-67 所示。其中集中注写的内容有 5 项：第 1 项为梯板类型代号与序号 ATb××；第 2 项为梯板厚度 h；第 3 项为踏步段总高度 H_s/踏步级数 $(m+1)$；第 4 项为上部纵筋及下部纵筋；第 5 项为梯板分布筋	两梯梁之间的矩形梯板全部由踏步段构成，即踏步段两端均以梯梁为支座，且梯板低端支承处做成滑动支座，滑动支座直接落在挑板上。框架结构中，楼梯中间平台通常设梯柱、梁，中间平台可与框架柱连接
ATc 型楼梯	ATc 型楼梯平面注写方式如图 2-68、图 2-69 所示。其中集中注写的内容有 6 项：第 1 项为梯板类型代号与序号 ATc××；第 2 项为梯板厚度 h；第 3 项为踏步段总高度 H_s/踏步级数 $(m+1)$；第 4 项为上部纵筋及下部纵筋；第 5 项为梯板分布筋；第 6 项为边缘构件纵筋及箍筋	两梯梁之间的矩形梯板全部由踏步段构成，即踏步段两端均以梯梁为支座。框架结构中，楼梯中间平台通常设梯柱、梁，中间平台可与框架柱连接（2 个梯柱形式）或脱开（4 个梯柱形式）

梯板类型	注写要求	适用条件
CTa 型楼梯	CTa 型楼梯平面注写方式如图 2-70 所示。其中:集中注写的内容有 6 项,第 1 项为梯板类型代号与序号 CTa××;第 2 项为梯板厚度 h;第 3 项为梯板水平段厚度 h_t;第 4 项为踏步段总高度 H_s/踏步级数($m+1$);第 5 项为上部纵筋及下部纵筋;第 6 项为梯板分布筋	两梯梁之间的矩形梯板由踏步段和高端平板构成,高端平板宽应≤3 个踏步宽,两部分的一端各自以梯梁为支座,且梯板低端支承处做成滑动支座,滑动支座直接落在梯梁上。框架结构中,楼梯中间平台通常设梯柱、梁,中间平台可与框架柱连接
CTb 型楼梯	CTb 型楼梯平面注写方式如图 2-71 所示。其中:集中注写的内容有 6 项,第 1 项为梯板类型代号与序号 CTb××;第 2 项为梯板厚度 h;第 3 项为梯板水平段厚度 h_t;第 4 项为踏步段总高度 H_s/踏步级数($m+1$);第 5 项为上部纵筋及下部纵筋;第 6 项为梯板分布筋	两梯梁之间的矩形梯板由踏步段和高端平板构成,高端平板宽应≤3 个踏步宽,两部分的一端各自以梯梁为支座,且梯板低端支承处做成滑动支座,滑动支座直接落在挑板上。框架结构中,楼梯中间平台通常设梯柱、梁,中间平台可与框架柱连接

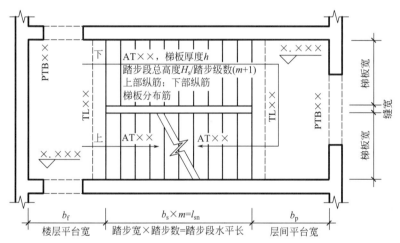

图 2-52 AT 型楼梯注写方式:标高×.×××~标高×.×××楼梯平面图

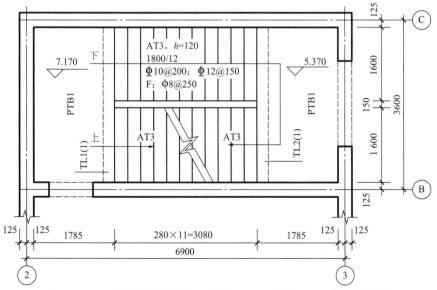

图 2-53 AT 型楼梯设计示例:标高 5.370~标高 7.170 楼梯平面图

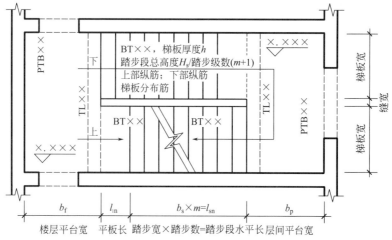

图 2-54　BT 型楼梯注写方式：标高×.×××～标高×.×××楼梯平面图

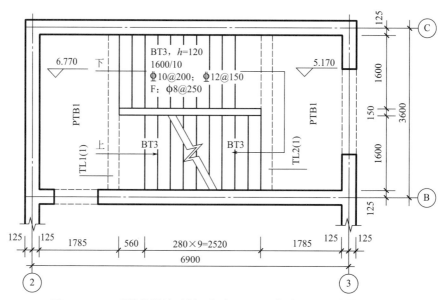

图 2-55　BT 型楼梯设计示例：标高 5.170～标高 6.770 楼梯平面图

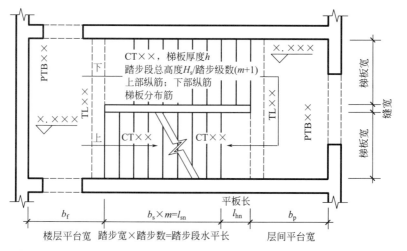

图 2-56　CT 型楼梯注写方式：标高×.×××～标高×.×××楼梯平面图

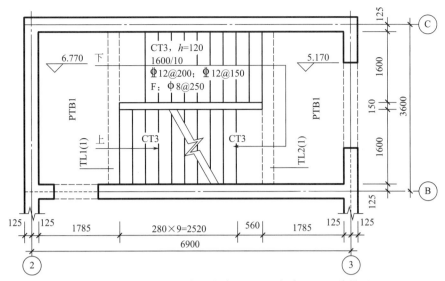

图 2-57 CT 型楼梯设计示例：标高 5.170～标高 6.770 楼梯平面图

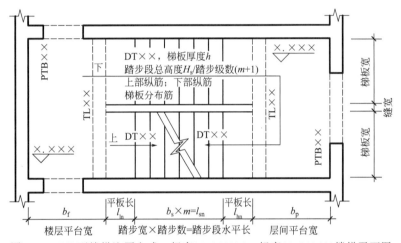

图 2-58 DT 型楼梯注写方式：标高×.×××～标高×.×××楼梯平面图

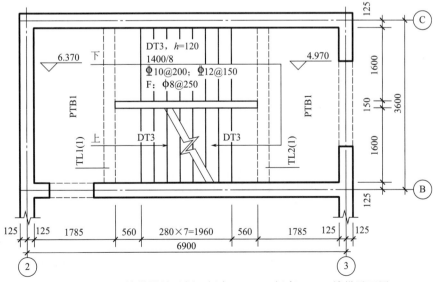

图 2-59 DT 型楼梯设计示例：标高 4.970～标高 6.370 楼梯平面图

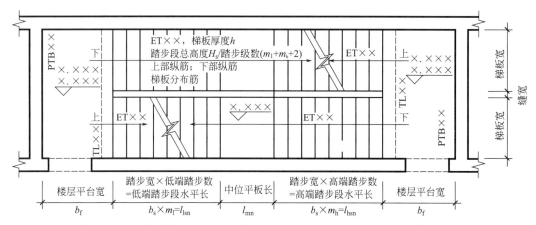

图 2-60 ET 型楼梯注写方式：标高×.×××～标高×.×××楼梯平面图

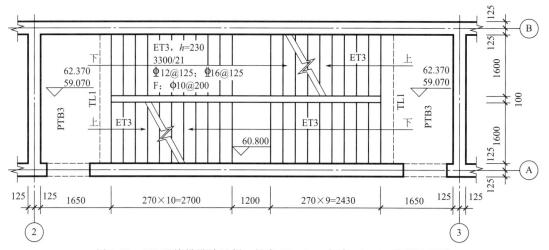

图 2-61 ET 型楼梯设计示例：标高 59.070～标高 62.370 楼梯平面图

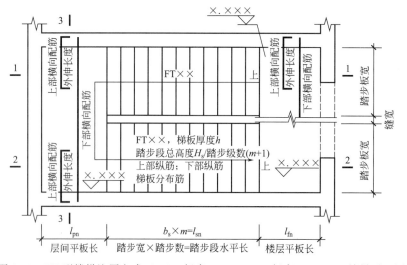

图 2-62 FT 型楼梯注写方式（一）：标高×.×××～标高×.×××楼梯平面图

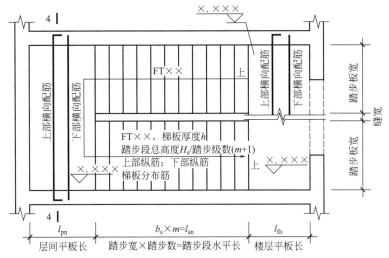

图 2-63 FT 型楼梯注写方式（二）：标高×.×××～标高×.×××楼梯平面图

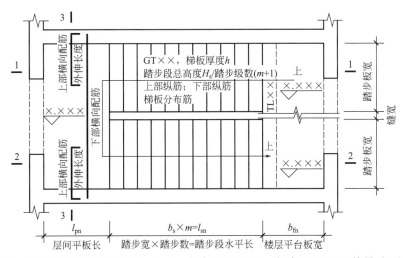

图 2-64 GT 型楼梯注写方式（一）：标高×.×××～标高×.×××楼梯平面图

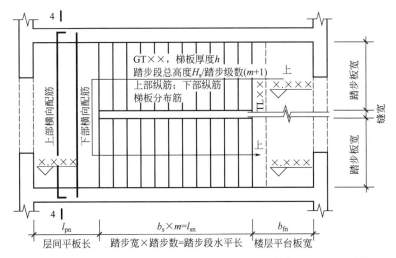

图 2-65 GT 型楼梯注写方式（二）：标高×.×××～标高×.×××楼梯平面图

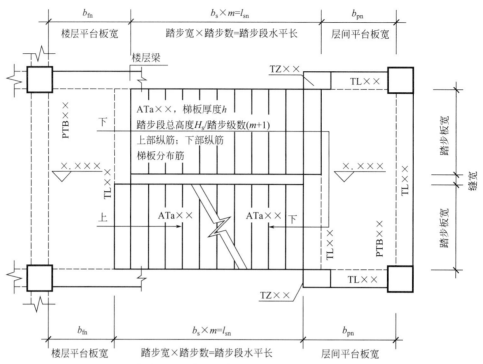

图 2-66 ATa 型楼梯注写方式：标高×.×××～标高×.×××楼梯平面图

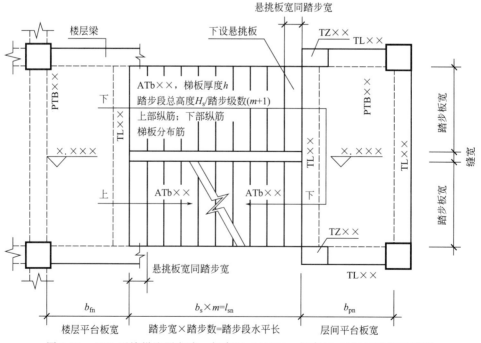

图 2-67 ATb 型楼梯注写方式：标高×.×××～标高×.×××楼梯平面图

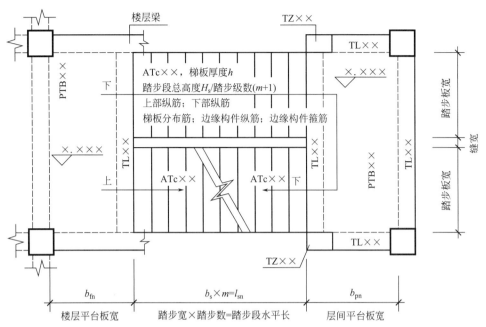

图 2-68　ATc 型楼梯注写方式（一）：标高×.×××～标高×.×××楼梯平面图
（楼梯休息平台与主体结构整体连接）

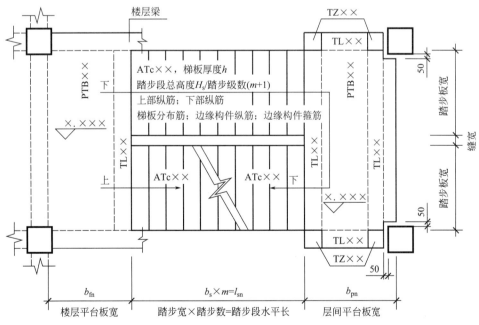

图 2-69　ATc 型楼梯注写方式（二）：标高×.×××～标高×.×××楼梯平面图
（楼梯休息平台与主体结构脱开连接）

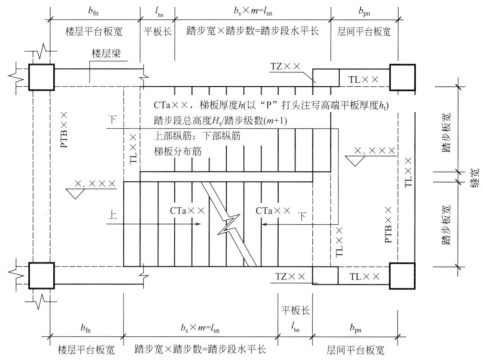

图 2-70　CTa 型楼梯注写方式：标高×.×××～标高×.×××楼梯平面图

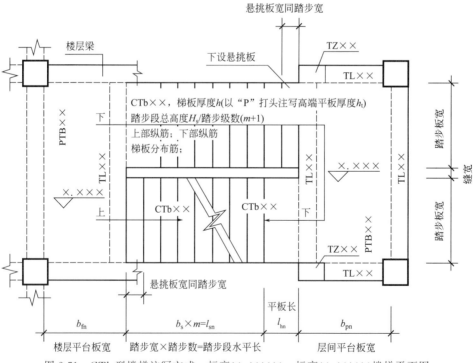

图 2-71　CTb 型楼梯注写方式：标高×.×××～标高×.×××楼梯平面图

2.5.4　剖面注写方式

（1）剖面注写方式需在楼梯平法施工图中绘制楼梯平面布置图和楼梯剖面图，注写方式分平面注写、剖面注写两部分。

（2）楼梯平面布置图注写内容，包括楼梯间的平面尺寸、楼层结构标高、层间结构标高、楼梯的上下方向、梯板的平面几何尺寸、梯板类型及编号、平台板配筋、梯梁及梯柱配筋等。

（3）楼梯剖面图注写内容，包括梯板集中标注、梯梁梯柱编号、梯板水平及竖向尺寸、楼层结构标高、层间结构标高等。

（4）梯板集中标注的内容有四项，具体规定如下。

① 梯板类型及编号，如 AT××。

② 梯板厚度。注写方式为 $h=×××$。当梯板由踏步段和平板构成，且踏步段梯板厚度和平板厚度不同时，可在梯板厚度后面括号内以字母"P"打头注写平板厚度。

③ 梯板配筋。注明梯板上部纵筋和梯板下部纵筋，用"；"将上部与下部纵筋的配筋值分隔开来。

④ 梯板分布筋。以"F"打头注写分布钢筋具体值，该项也可在图中统一说明。

⑤ 对于 ATc 型楼梯尚应注明梯板两侧边缘构件纵向钢筋及箍筋。

2.5.5 列表注写方式

（1）列表注写方式，系用列表方式注写梯板截面尺寸和配筋具体数值的方式来表达楼梯施工图。

（2）列表注写方式的具体要求同剖面注写方式，仅将剖面注写方式中的梯板集中标注中的梯板配筋注写项改为列表注写项即可。

梯板列表格式见表 2-14。

表 2-14 梯板几何尺寸和配筋

梯板编号	踏步段总高度/踏步级数	板厚 h	上部纵向钢筋	下部纵向钢筋	分布筋

注：对于 ATc 型楼梯尚应注明梯板两侧边缘构件纵向钢筋及箍筋。

2.6 独立基础平法施工图识读

2.6.1 独立基础平法施工图的表示方法

（1）独立基础平法施工图，有平面注写与截面注写两种表达方式，设计者可根据具体工程情况选择一种，或两种方式相结合进行独立基础的施工图设计。

（2）当绘制独立基础平面布置图时，应将独立基础平面与基础所支承的柱一起绘制。当设置基础连系梁时，可根据图面的疏密情况，将基础连系梁与基础平面布置图一起绘制，或将基础连系梁布置图单独绘制。

（3）在独立基础平面布置图上应标注基础定位尺寸；当独立基础的柱中心线或杯口中心线与建筑轴线不重合时，应标注其定位尺寸。编号相同且定位尺寸相同的基础，可仅选择一个进行标注。

2.6.2 独立基础的平面注写方式

独立基础的平面注写方式，分为集中标注和原位标注两部分内容，如图 2-72 所示。

普通独立基础和杯口独立基础的集中标注，系在基础平面图上集中引注：基础编号、截

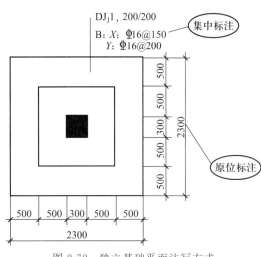

图 2-72　独立基础平面注写方式

面竖向尺寸、配筋三项必注内容，以及基础底面标高（与基础底面基准标高不同时）和必要的文字注解两项选注内容。

素混凝土普通独立基础的集中标注，除无基础配筋内容外，均与钢筋混凝土普通独立基础相同。

钢筋混凝土和素混凝土独立基础的原位标注，系在基础平面布置图上标注独立基础的平面尺寸。

2.6.3　集中标注

2.6.3.1　独立基础集中标注示意图

独立基础集中标注包括编号、截面竖向尺寸、配筋三项必注内容，如图 2-73 所示。

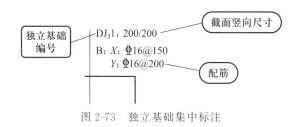

图 2-73　独立基础集中标注

2.6.3.2　独立基础编号

独立基础编号见表 2-15。

表 2-15　独立基础编号

类型	基础底板截面形状	代号	序号
普通独立基础	阶形	DJ_J	××
	坡形	DJ_P	××
杯口独立基础	阶形	BJ_J	××
	坡形	BJ_P	××

注：设计时应注意当独立基础截面形状为坡形时，其坡面应采用能保证混凝土浇筑、振捣密实的较缓坡度；当采用较陡坡度时，应要求施工采用在基础顶部坡面加模板等措施，以确保独立基础的坡面浇筑成型、振捣密实。

2.6.3.3　独立基础截面竖向尺寸

下面按普通独立基础和杯口独立基础分别进行说明。

（1）普通独立基础。注写"$h_1/h_2/\cdots\cdots$"，具体标注为：

① 当基础为阶形截面时，如图 2-74 所示。

【例 2-17】　当阶形截面普通独立基础 DJ_J×× 的竖向尺寸注写为 400/300/300 时，表示 $h_1=400$、$h_2=300$、$h_3=300$，基础底板总高度为 1000。

上例及图 2-74 为三阶；当为更多阶时，各阶尺寸自下而上用"/"分隔顺写。当基础为单阶时，其竖向尺寸仅为一个，且为基础总高度，如图 2-75 所示。

② 当基础为坡形截面时，注写方式为"$h_1/$

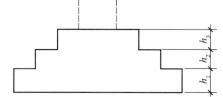

图 2-74　阶形截面普通独立基础竖向尺寸注写方式

h_2",如图 2-76 所示。

图 2-75　单阶普通独立基础竖向尺寸注写方式

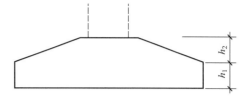

图 2-76　坡形截面普通独立基础竖向尺寸注写方式

【例 2-18】　当坡形截面普通独立基础 DJp×× 的竖向尺寸注写为 350/300 时，表示 $h_1 =$ 350、$h_2 = 300$，基础底板总高度为 650。

（2）杯口独立基础。

① 当基础为阶形截面时，其竖向尺寸分两组，一组表达杯口内，另一组表达杯口外，两组尺寸以 "," 分隔，注写方式为 "a_0/a_1，$h_1/h_2/\cdots$"，如图 2-77 和图 2-78 所示，其中杯口深度 a_0 为柱插入杯口的尺寸加 50mm。

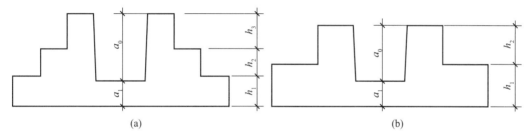

图 2-77　阶形截面杯口独立基础竖向尺寸注写方式

（a）注写方式（一）；（b）注写方式（二）

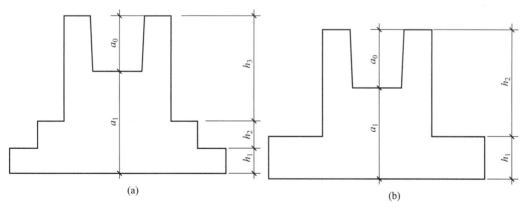

图 2-78　阶形截面高杯口独立基础竖向尺寸注写方式

（a）注写方式（一）；（b）注写方式（二）

② 当基础为坡形截面时，注写方式为 "a_0/a_1，$h_1/h_2/h_3/\cdots$"，如图 2-79 和图 2-80 所示。

2.6.3.4　独立基础编号及截面尺寸识图实例

独立基础的平法识图，是指根据平法施工图得出该基础的剖面形状尺寸，下面举例说明。

如图 2-81 所示，可看出该基础为阶形杯口基础，$a_0 = 1000$，$a_1 = 300$，$h_1 = 700$，$h_2 = 600$。再结合原位标注的平面尺寸从而识图得出该独立基础的剖面形状尺寸，如图 2-82 所示。

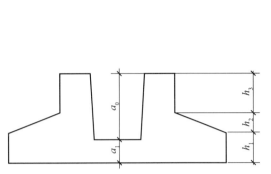

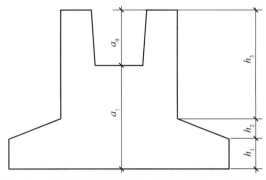

图 2-79　坡形截面杯口独立基础竖向尺寸注写方式　　　图 2-80　坡形截面高杯口独立基础竖向尺寸注写方式

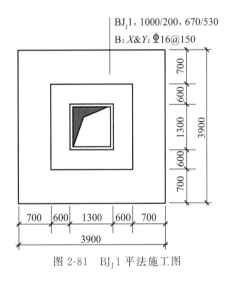

图 2-81　BJ$_J$1 平法施工图

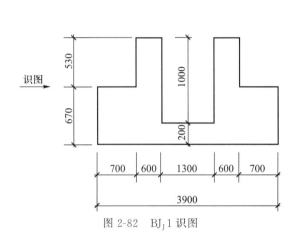

图 2-82　BJ$_J$1 识图

2.6.3.5　独立基础配筋

独立基础集中标注的第三项必注内容是配筋，如图 2-83 所示。独立基础的配筋有五种情况，如图 2-84 所示。

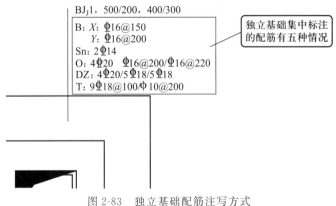

图 2-83　独立基础配筋注写方式

（1）独立基础底板配筋。普通独立基础和杯口独立基础的底部双向配筋注写方式如下。

① 以"B"代表各种独立基础底板的底部配筋。

② X 向配筋以"X"打头注写、Y 向配筋以"Y"打头注写；当两向配筋相同时，则以

"$X\&Y$" 打头注写。

见图 2-85，表示基础底板底部配置 HRB400 级钢筋，X 向钢筋直径为 16mm，间距 150mm；Y 向钢筋直径为 16mm，间距 200mm。

（2）杯口独立基础顶部焊接钢筋网。以 "Sn" 打头引注杯口顶部焊接钢筋网的各边钢筋。见图 2-86，表示杯口顶部每边配置 2 根 HRB400 级直径为 14mm 的焊接钢筋网。

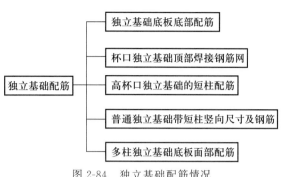

图 2-84　独立基础配筋情况

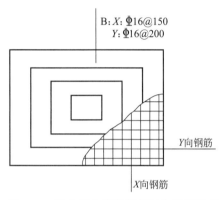

图 2-85　独立基础底板底部双向配筋示意

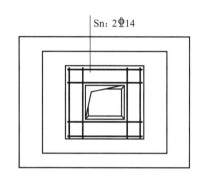

图 2-86　单杯口独立基础顶部焊接钢筋网示意
（本图只表示钢筋网）

双杯口独立基础顶部焊接钢筋网，见图 2-87，表示杯口每边和双杯口中间杯壁的顶部均配置 2 根 HRB400 级直径为 16mm 的焊接钢筋网。

当双杯口独立基础中间杯壁厚度小于 400mm 时，在中间杯壁中配置构造钢筋见相应标准构造详图，设计不注。

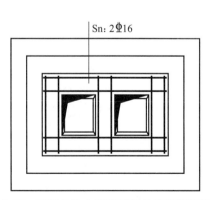

图 2-87　双杯口独立基础顶部焊接钢筋网示意
（本图只表示钢筋网）

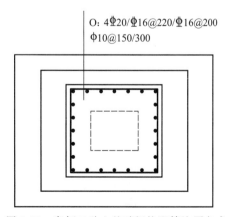

图 2-88　高杯口独立基础短柱配筋注写方式
（本图只表示基础短柱纵筋与矩形箍筋）

（3）高杯口独立基础的短柱配筋（亦适用于杯口独立基础杯壁有配筋的情况）。以 "O" 代表短柱配筋。先注写短柱纵筋，再注写箍筋。注写方式为：角筋/长边中部筋/短边中部筋，箍筋（两种间距）；当水平截面为正方形时，注写方式为：角筋/X 边中部筋/Y 边中部筋，箍筋（两种间距，短柱杯口壁内箍筋间距/短柱其他部位箍筋间距）。

见图 2-88，表示高杯口独立基础的短柱配置 HRB400 级竖向钢筋和 HPB300 级箍筋。其竖向纵筋为：4Φ20 角筋、Φ16@220 长边中部筋和Φ16@200 短边中部筋；其箍筋直径为 10mm，短柱杯口壁内间距 150mm，短柱其他部位间距 300mm。

对于双高杯口独立基础的短柱配筋，注写形式与单高杯口相同，如图 2-89 所示。

当双高杯口独立基础中间杯壁厚度小于 400mm 时，在中间杯壁中配置构造钢筋见相应标准构造详图，设计不注。

（4）普通独立基础带短柱竖向尺寸及钢筋。当独立基础埋深较大，设置短柱时，短柱配筋应注写在独立基础中。

以"DZ"代表普通独立基础短柱。先注写短柱纵筋，再注写箍筋，最后注写短柱标高范围。注写方式为"角筋/长边中部筋/短边中部筋，箍筋，短柱标高范围"；当短柱水平截面为正方形时，注写方式为"角筋/X 边中部筋/Y 边中部筋，箍筋，短柱标高范围"。

见图 2-90，表示独立基础的短柱设置在−2.500～0.050 高度范围内，配置 HRB400 级竖向纵筋和 HPB300 级箍筋。其竖向纵筋为：4Φ20 角筋、5Φ18X 边中部筋和 5Φ18Y 边中部筋；其箍筋直径为 10mm，间距 100mm。

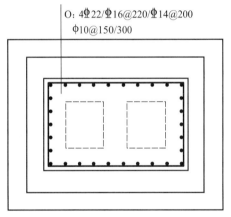

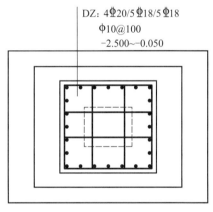

图 2-89　双高杯口独立基础短柱配筋注写方式　　　　图 2-90　独立基础短柱配筋示意
（本图只表示基础短柱纵筋与矩形箍筋）

（5）多柱独立基础底板顶部配筋。独立基础通常为单柱独立基础，也可为多柱独立基础（双柱或四柱等）。多柱独立基础的编号、几何尺寸和配筋的标注方法与单柱独立基础相同。

当为双柱独立基础时，通常仅基础底部钢筋；当柱距离较大时，除基础底部配筋外，在两柱间配置顶部一般要配置基础顶部钢筋或基础梁；当为四柱独立基础时，通常可设置两道平行的基础梁，需要时可在两道基础梁之间配置基础顶部钢筋。

多柱独立基础顶部配筋和基础梁的注写方法规定如下。

① 双柱独立基础底板顶部配筋。双柱独立基础的顶部配筋，通常对称分布在双柱中心线两侧。以大写字母"T"打头，注写为：双柱间纵向受力钢筋/分布钢筋。当纵向受力钢筋在基础底板顶面非满布时，应注明其总根数。

见图 2-91，表示独立基础顶部配置 9 根纵向受力钢筋 HRB400 级，直径为 18mm，间距 100mm；分布筋 HPB300 级，直径为 10mm，间距 200mm。

② 双柱独立基础的基础梁配筋。当双柱独立基础为基础底板与基础梁相结合时，注写基础梁的编号、几何尺寸和配筋。例如 JL××(1) 表示该基础梁为 1 跨，两端无外伸；JL××

(1A) 表示该基础梁为 1 跨，一端有外伸；JL××(1B) 表示该基础梁为 1 跨，两端均有外伸。

通常情况下，双柱独立基础宜采用端部有外伸的基础梁，基础底板则采用受力明确、构造简单的单向受力配筋与分布筋。基础梁宽度宜比柱截面宽出不小于 100mm（每边不小于 50mm）。

基础梁的注写规定与条形基础的基础梁注写规定相同。注写示意如图 2-92 所示。

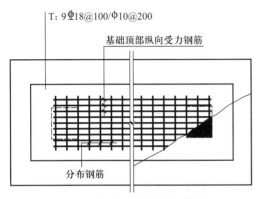

图 2-91　双柱独立基础底板顶部钢筋

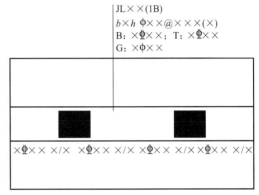

图 2-92　双柱独立基础的基础梁配筋注写示意

③ 双柱独立基础的底板配筋。双柱独立基础底板配筋的注写，可以按条形基础底板的注写规定，也可以按独立基础底板的注写规定。

④ 配置两道基础梁的四柱独立基础底板顶部配筋。当四柱独立基础已设置两道平行的基础梁时，根据内力需要可在双梁之间以及梁的长度范围内配置基础顶部钢筋，注写为：梁间受力钢筋/分布钢筋。

见图 2-93，表示在四柱独立基础顶部两道基础梁之间配置受力钢筋 HRB400 级，直径为 16mm，间距 120mm；分布筋 HPB300 级，直径为 10mm，分布间距 200mm。

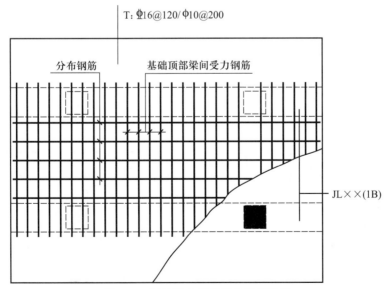

图 2-93　四柱独立基础底板顶部配筋

平行设置两道基础梁的四柱独立基础底板配筋，也可按双梁条形基础底板配筋的注写规定。

2.6.3.6 基础底面标高

当独立基础的底面标高与基础底面基准标高不同时，应将独立基础底面标高直接注写在"（　）"内。

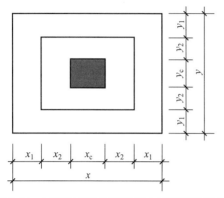

图 2-94 对称阶形截面普通独立基础原位标注

2.6.3.7 必要的文字注解

当独立基础的设计有特殊要求时，宜增加必要的文字注解。例如，基础底板配筋长度是否采用减短方式等，可在该项内注明。

2.6.4 原位标注

2.6.4.1 普通独立基础

原位标注 x，y，x_c、y_c（或圆柱直径 d_c），x_i、y_i，$i=1,2,3,\cdots$。其中，x、y 为普通独立基础两向边长，x_c、y_c 为柱截面尺寸，x_i、y_i 为阶宽或坡形平面尺寸（当设置短柱时，尚应标注短柱的截面尺寸）。

对称阶形截面普通独立基础原位标注，如图 2-94 所示。非对称阶形截面普通独立基础原位标注，如图 2-95 所示。设置短柱独立基础的原位标注，如图 2-96 所示。

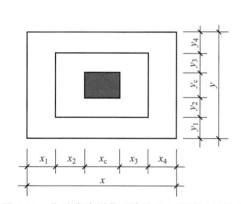

图 2-95 非对称阶形截面普通独立基础原位标注

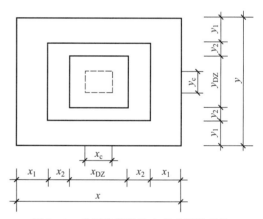

图 2-96 带短柱普通独立基础原位标注

对称坡形截面普通独立基础原位标注，如图 2-97 所示。非对称坡形截面普通独立基础原位标注，如图 2-98 所示。

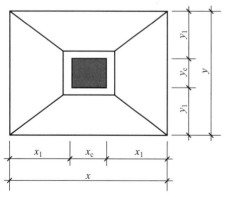

图 2-97 对称坡形截面普通独立基础原位标注

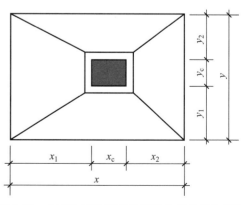

图 2-98 非对称坡形截面普通独立基础原位标注

2.6.4.2　杯口独立基础

原位标注 x、y，x_u、y_u，t_i，x_i、y_i，$i=1,2,3,\cdots$。其中，x、y 为杯口独立基础两向边长；x_u、y_u 为柱截面尺寸；t_i 为杯壁上口厚度，下口厚度为 (t_i+25)mm；x_i、y_i 为阶宽或坡形截面尺寸。

杯口上口尺寸 x_u、y_u，按柱截面边长两侧双向各加 75mm；杯口下口尺寸按标准构造详图（为插入杯口的相应柱截面边长尺寸，每边各加 50mm），设计不注。

阶形截面杯口独立基础原位标注，如图 2-99 所示。高杯口独立基础原位标注与杯口独立基础完全相同。

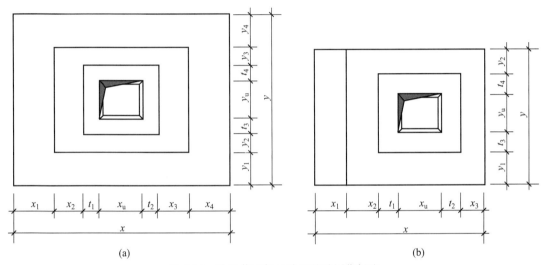

图 2-99　阶形截面杯口独立基础原位标注

（a）基础底板四边阶数相同；（b）基础底板的一边比其他三边多一阶

坡形截面杯口独立基础原位标注，如图 2-100 所示。高杯口独立基础的原位标注与杯口独立基础完全相同。

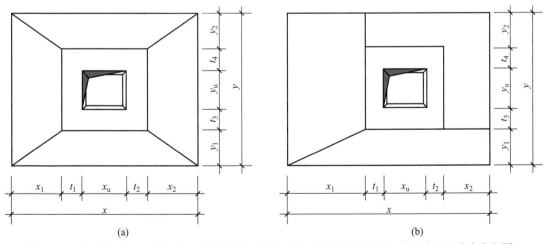

图 2-100　坡形截面杯口独立基础原位标注（高杯口独立基础原位标注与杯口独立基础完全相同）

（a）基础底板四边均放坡；（b）基础底板有两边不放坡

设计时应注意：当设计为非对称坡形截面独立基础并且基础底板的某边不放坡时，在原位放大绘制的基础平面图上，或在圈引出来放大绘制的基础平面图上，应按实际放坡情况绘制分坡线，如图 2-100(b) 所示。

2.7 条形基础平法施工图识读

2.7.1 条形基础平法施工图的表示方法

条形基础平法施工图，有平面注写与截面注写两种表达方式，设计者可根据具体工程情况选择一种，或将两种方式相结合进行条形基础的施工图设计。

当绘制条形基础平面布置图时，应将条形基础平面与基础所支承的上部结构的柱、墙一起绘制。当基础底面标高不同时，需注明与基础底面基准标高不同之处的范围和标高。

当梁板式基础梁中心或板式条形基础板中心与建筑定位轴线不重合时，应标注其定位尺寸；对于编号相同的条形基础，可仅选择一个进行标注。

条形基础整体上可分为两类，如图 2-101 所示。

2.7.2 基础梁的集中标注

基础梁的集中标注内容包括基础梁编号、截面尺寸、配筋三项必注内容（如图 2-102 所示），以及基础梁底面标高（与基础底面基准标高不同时）和必要的文字注解两项选注内容。

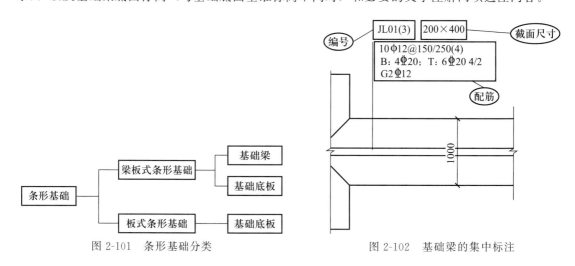

图 2-101　条形基础分类　　　　　图 2-102　基础梁的集中标注

2.7.2.1 基础梁编号

基础梁编号由"代号""序号""跨数及有无外伸"三项组成，如图 2-103 所示，具体表示方法见表 2-16。

表 2-16　基础梁编号

类型	代号	序号	跨数及有无外伸
基础梁	JL	××	（××）端部无外伸
		××	（××A）一端有外伸
		××	（××B）两端有外伸

2.7.2.2 基础梁截面尺寸

基础梁截面尺寸，注写方式为"$b \times h$"，表示梁截面宽度与高度。当为竖向加腋梁时，注写方式为"$b \times h$　$Yc_1 \times c_2$"，其中，c_1 为腋长；c_2 为腋高。

2.7.2.3 基础梁配筋

基础梁配筋主要注写内容包括箍筋、底部、顶部及侧面纵向钢筋，如图 2-104 所示。

图 2-103 基础梁编号平法标注 　　　　　　图 2-104 基础梁配筋标注内容

（1）基础梁箍筋。基础梁箍筋表示方法的平法识图见表 2-17。

表 2-17 基础梁箍筋识图

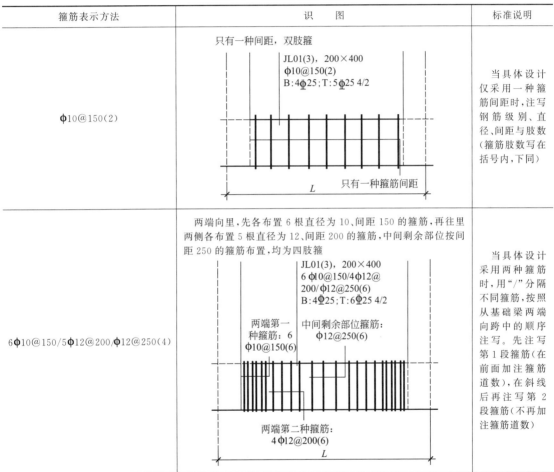

箍筋表示方法	识 图	标准说明
φ10@150(2)	只有一种间距，双肢箍 JL01(3)，200×400 φ10@150(2) B:4φ25;T:5φ25 4/2 _L_ 只有一种箍筋间距	当具体设计仅采用一种箍筋间距时，注写钢筋级别、直径、间距与肢数（箍筋肢数写在括号内，下同）
6φ10@150/5φ12@200/φ12@250(4)	两端向里，先各布置 6 根直径为 10、间距 150 的箍筋，再往里两侧各布置 5 根直径为 12、间距 200 的箍筋，中间剩余部位按间距 250 的箍筋布置，均为四肢箍 JL01(3)，200×400 6 φ10@150/4φ12@200/φ12@250(6) B:4φ25;T:6φ25 4/2 两端第一种箍筋：6φ10@150(6)　中间剩余部位箍筋：φ12@250(6) 两端第二种箍筋：4φ12@200(6) _L_	当具体设计采用两种箍筋时，用"/"分隔不同箍筋，按照从基础梁两端向跨中的顺序注写。先注写第 1 段箍筋（在前面加注箍筋道数），在斜线后再注写第 2 段箍筋（不再加注箍筋道数）

　　施工时应注意：两向基础梁相交的柱下区域，应有一向截面较高的基础梁箍筋贯通设置；当两向基础梁高度相同时，任选一向基础梁箍筋贯通设置。

　　（2）基础梁底部、顶部及侧面纵向钢筋。

　　① 以"B"打头，注写梁底部贯通纵筋（不应少于梁底部受力钢筋总裁面面积的 1/3）。当跨中所注根数少于箍筋肢数时，需要在跨中增设梁底部架立筋以固定箍筋，采用"＋"将贯通纵筋与架立筋相连，架立筋注写在加号后面的括号内。

　　② 以"T"打头，注写梁顶部贯通纵筋。注写时用"；"将底部与顶部贯通纵筋分隔开，如有个别跨与其不同者按原位注写的规定处理。

　　③ 当梁底部或顶部贯通纵筋多于一排时，用"/"将各排纵筋自上而下分开。

【例 2-19】 B：4 Φ 25；T：12 Φ 25 7/5，表示梁底部配置贯通纵筋为 4 Φ 25；梁顶部配置贯通纵筋上一排为 7 Φ 25，下一排为 5 Φ 25，共配置 12 Φ 25。

④ 以"G"打头，注写梁两侧面对称设置的纵向构造钢筋的总配筋值（当梁腹板净高 h_w 不小于 450mm 时，根据需要配置）。

【例 2-20】 G 8 Φ 14，表示梁每个侧面配置纵向构造钢筋 4 Φ 14，共配置 8 Φ 14。

当需要配置抗扭纵向钢筋时，梁两个侧面设置的抗扭纵向钢筋以"N"打头。

【例 2-21】 N 8 Φ 16，表示梁的两个侧面共配置 8 Φ 16 的纵向抗扭钢筋，沿截面周边均匀对称设置。

注：1. 当为梁侧面构造钢筋时，其搭接与锚固长度可取为 $15d$。

2. 当为梁侧面受扭纵向钢筋时，其锚固长度为 l_a，搭接长度为 l_l；其锚固方式同基础梁上部纵筋。

2.7.2.4 基础梁底面标高

当条形基础的底面标高与基础底面基准标高不同时，将条形基础底面标高注写在"（ ）"内。

2.7.2.5 文字注解

当基础梁的设计有特殊要求时，宜增加必要的文字注解。

2.7.3 基础梁的原位标注

2.7.3.1 基础梁支座的底部纵筋

基础梁支座的底部纵筋，系指包含贯通纵筋与非贯通纵筋在内的所有纵筋。其原位标注识图见表 2-18。

表 2-18 基础梁支座底部纵筋原位标注识图

表示方法	识　图	标准说明
6 Φ 20 2/4	上下两排，上排 2 Φ 20 是底部非贯通纵筋，下排 4 Φ 20 是底部贯通纵筋 JL01(3A)，300×500 10ϕ12@150/250(4) B:4Φ20；T:4Φ20 G:2Φ12 6Φ20 2/4	当底部纵筋多于一排时，用"/"将各排纵筋自上而下分开
2 Φ 20+2 Φ 18	由两种不同直径钢筋组成，用"+"连接，其中 2 Φ 20 是底部贯通纵筋，2 Φ 18 是底部非贯通纵筋 JL01(3A)，300×500 10ϕ12@150/250(4) B:2Φ20；T:4Φ20 2Φ20+2Φ18	当同排纵筋有两种直径时，用"+"将两种直径的纵筋相连

续表

表示方法	识　图	标准说明
①4 Φ 20 ②4 Φ 20 ②5 Φ 20	(1)梁支座两侧底部配筋不同,②轴左侧 4 Φ 20,其中 2 根为底部贯通纵筋,另 2 根为底部非贯通纵筋;②轴右侧 5 Φ 20,其中 2 根为底部贯通纵筋,另 3 根为底部非贯通纵筋 (2)②轴左侧为 4 根,右侧为 5 根,它们直径相同,只是根数不同,则其中 4 根贯穿②轴,右侧多出的 1 根进行锚固 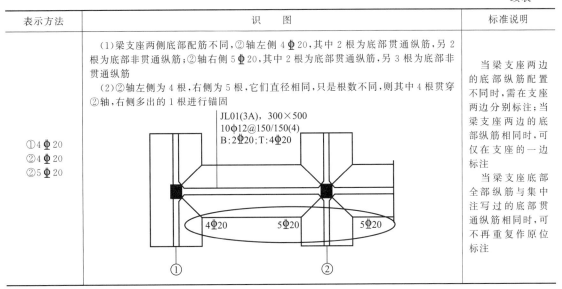	当梁支座两边的底部纵筋配置不同时,需在支座两边分别标注;当梁支座两边的底部纵筋相同时,可仅在支座的一边标注 当梁支座底部全部纵筋与集中注写过的底部贯通纵筋相同时,可不再重复原位标注

竖向加腋梁加腋部位钢筋,需在设置加腋的支座处以"Y"打头注写在括号内。

【例 2-22】　Y 4 Φ 25,表示竖向加腋部位斜纵筋为 4 Φ 25。

设计时应注意:对于底部一平梁的支座两边配筋值不同的底部非贯通纵筋("底部一平"为"梁底部在同一个平面上"的缩略词),应先按较小一边的配筋值选配相同直径的纵筋贯穿支座,再将较大一边的配筋差值选配适当直径的钢筋锚入支座,避免造成支座两边大部分钢筋直径不相同的不合理配置结果。

施工及预算方面应注意:当底部贯通纵筋经原位注写修正,出现两种不同配置的底部贯通纵筋时,应在两毗邻跨中配置较小一跨的跨中连接区域进行连接(即配置较大一跨的底部贯通纵筋需伸出至毗邻跨的跨中连接区域)。

2.7.3.2　基础梁的附加箍筋或(反扣)吊筋

当两向基础梁十字交叉,但交叉位置无柱时,应根据需要设置附加箍筋或(反扣)吊筋。

将附加箍筋或(反扣)吊筋直接画在平面图中条形基础主梁上,原位直接引注总配筋值(附加箍筋的肢数注在括号内)。当多数附加箍筋或(反扣)吊筋相同时,可在条形基础平法施工图上统一注明。少数与统一注明值不同时,再原位直接引注。

施工时应注意:附加箍筋或(反扣)吊筋的几何尺寸应按照标准构造详图,结合其所在位置的主梁和次梁的截面尺寸确定。

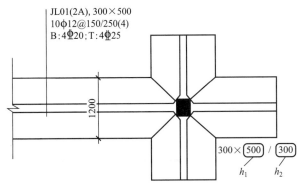

图 2-105　基础梁外伸部位变截面高度尺寸

2.7.3.3　基础梁外伸部位的变截面高度尺寸

当基础梁外伸部位采用变截面高度时,在该部位原位注写 $b \times h_1/h_2$,h_1 为根部截面高度,h_2 为尽端截面高度,如图 2-105 所示。

2.7.3.4　原位注写修正内容

当在基础梁上集中标注的某项内容(如截面尺寸、箍筋、底部与顶部贯通纵筋或架立筋、梁侧面纵向构造钢筋、梁底面标高等)不适用于某跨或某外伸部位时,将其修正内容原位标注在该跨或该外伸部位，施工时原位标注取值优先。

当在多跨基础梁的集中标注中已注明竖向加腋，而该梁某跨根部不需要竖向加腋时，则应在该跨原位标注无 $Yc_1 \times c_2$ 的 $b \times h_1$ 以修正集中标注中的竖向加腋要求。

如图 2-106 所示，JL01 集中标注的截面尺寸为 300×500，第 2 跨原位标注为 300×400，表示第 2 跨发生了截面变化。

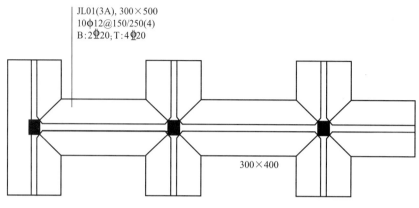

图 2-106　原位标注修正内容

2.7.4　条形基础底板的平面注写方式

条形基础底板 TJB_P、TJB_J 的平面注写方式分集中标注和原位标注两部分内容。

2.7.4.1　集中标注

条形基础底板的集中标注内容包括条形基础底板编号、截面竖向尺寸、配筋三项必注内容（如图 2-107 所示），以及条形基础底板底面标高（与基础底面基准标高不同时）和必要的文字注解两项选注内容。

素混凝土条形基础底板的集中标注，除无底板配筋内容外，其他与钢筋混凝土条形基础底板相同。

（1）条形基础底板编号由"代号""序号""跨数及有无外伸"三项组成，如图 2-108 所示。具体表示方法见表 2-19。

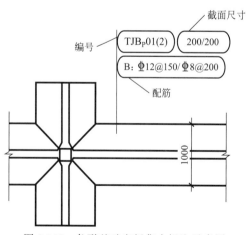

图 2-107　条形基础底板集中标注示意图

图 2-108　条形基础底板编号平法标注

表 2-19　条形基础梁及底板编号

类　　型		代号	序号	跨数及有无外伸
条形基础底板	阶形	TJB$_P$	××	(××)端部无外伸 (××A)一端有外伸 (××B)两端有外伸
	坡形	TJB$_J$	××	

注：条形基础通常采用坡形截面或单阶形截面。

条形基础底板向两侧的截面形状通常包括以下两种：

① 阶形截面，编号加下标"J"，例如 TJB$_J$××（××）；

② 坡形截面，编号加下标"P"，例如 TJB$_P$××（××）。

（2）条形基础底板截面竖向尺寸，注写"$h_1/h_2/\cdots$"，见表 2-20。

表 2-20　条形基础底板截面竖向尺寸识图

分　　类	注写方式	示意图
坡形截面的条形基础底板	TJB$_P$×× h_1/h_2	
单阶形截面的条形基础底板	TJB$_J$×× h_1	
多阶形截面的条形基础底板	TJB$_J$×× h_1/h_2	

（3）条形基础底板底部及顶部配筋。以"B"打头，注写条形基础底板底部的横向受力钢筋。以"T"打头，注写条形基础底板顶部的横向受力钢筋；注写时，用"/"分隔条形基础底板的横向受力钢筋与纵向分布钢筋，如图 2-109 和图 2-110 所示。

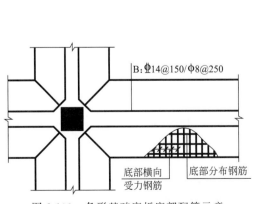

图 2-109　条形基础底板底部配筋示意

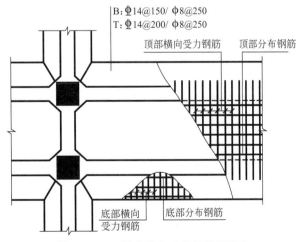

图 2-110　双梁条形基础底板配筋示意

【例 2-23】　当条形基础底板配筋标注为 B：Φ14@150/ϕ8@250，表示条形基础底板底部配置 HRB400 级横向受力钢筋，直径为 14mm，间距 150mm；配置 HPB300 级纵向分布钢筋，直径为 8mm，间距 250mm，如图 2-109 所示。

【例 2-24】　当为双梁（或双墙）条形基础底板时，除在底板底部配置钢筋外，一般尚需在两根梁或两道墙之间的底板顶部配置钢筋，其中横向受力钢筋的锚固长度 l_a 从梁的内边缘（或墙内边缘）算起，如图 2-110 所示。

（4）条形基础底板底面标高。当条形基础底板的底面标高与条形基础底面基准标高不同时，应将条形基础底板底面标高注写在"（　）"内。

（5）文字注解。当条形基础底板有特殊要求时，应增加必要的文字注解。

2.7.4.2　原位标注

（1）原位注写条形基础底板的平面尺寸。原位标注方式为"b、b_i，$i=1,2,\cdots$"。其中，b 为基础底板总宽度，如基础底板台阶的宽度。当基础底板采用对称于基础梁的坡形截面或单阶形截面时，b_i 可不注，见图 2-111。

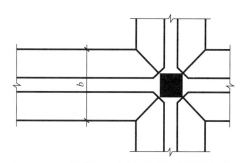

图 2-111　条形基础底板平面尺寸原位标注

对于相同编号的条形基础底板，可仅选择一个进行标注。

条形基础存在双梁或双墙共用同一基础底板的情况，当为双梁或为双墙且梁或墙荷载差别较大时，条形基础两侧可取不同的宽度，实际宽度以原位标注的基础底板两侧非对称的不同台阶宽度 b 进行表达。

（2）原位注写修正内容。当在条形基础底板上集中标注的某项内容，如底板截面竖向尺寸、底板配筋、底板底面标高等，不适用于条形基础底板的某跨或某外伸部分时，可将其修正内容原位标注在该跨或该外伸部位，施工时原位标注取值优先。

2.8　筏形基础平法施工图识读

2.8.1　梁板式筏形基础平法施工图识读

2.8.1.1　梁板式筏形基础平法施工图的表示方法

（1）梁板式筏形基础平法施工图，系在基础平面布置图上采用平面注写方式进行表达。

（2）当绘制基础平面布置图时，应将梁板式筏形基础与其所支承的柱、墙一起绘制。梁板式筏形基础以多数相同的基础平板底面标高作为基础底面基准标高。当基础底面标高不同时，需注明与基础底面基准标高不同之处的范围和标高。

（3）通过选注基础梁底面与基础平板底面的标高高差来表达两者间的位置关系，可以明确其"高板位"（梁顶与板顶一平）、"低板位"（梁底与板底一平）以及"中板位"（板在梁的中部）三种不同位置组合的筏形基础，方便设计表达。

（4）对于轴线未居中的基础梁，应标注其定位尺寸。

2.8.1.2　梁板式筏形基础构件的类型与编号

梁板式筏形基础由基础主梁、基础次梁、基础平板等构成，编号按表 2-21 的规定。

表 2-21　梁板式筏形基础梁编号

构件类型	代号	序号	跨数及是否有外伸
基础主梁（柱下）	JL	××	(××)或(××A)或(××B)
基础次梁	JCL	××	(××)或(××A)或(××B)
梁板筏基础平板	LPB	××	

注：1.(××A) 为一端有外伸，(××B) 为两端有外伸，外伸不计入跨数。
2.梁板式筏形基础平板跨数及是否有外伸分别在 X、Y 两向的贯通纵筋之后表达。图面从左至右为 X 向，从下至上为 Y 向。
3.梁板式筏形基础主梁与条形基础梁编号与标准构造详图一致。

2.8.1.3　基础主梁和基础次梁的平面注写方式

基础主梁 JL 与基础次梁 JCL 的平面注写方式，分集中标注与原位标注两部分内容，如图 2-112 所示。当集中标注的某项数值不适用于梁的某部位时，则将该项数值采用原位标注，施工时，原位标注优先。

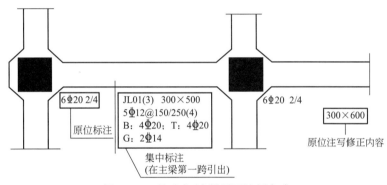

图 2-112　基础主/次梁平面注写方式

（1）集中标注。基础主梁 JL 与基础次梁 JCL 的集中标注内容为：基础梁编号、截面尺寸、配筋三项必注内容以及基础梁底面标高高差（相对于筏形基础平板底面标高）一项选注内容，如图 2-113 所示。

① 基础梁的编号由"代号""序号""跨数及有无外伸"三项组成，如图 2-114 所示。其具体表示方法，见表 2-21。

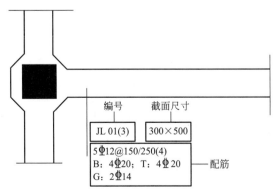

图 2-113　基础主/次梁集中标注

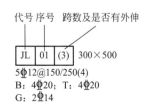

图 2-114　基础主/次梁编号平法标注

② 基础梁的截面尺寸。以 $b\times h$ 表示梁截面宽度和高度，当为竖向加腋梁时，用 $b\times h$ $Yc_1\times c_2$ 表示，其中，c_1 为腋长；c_2 为腋高。

③ 基础梁的配筋。

a. 基础梁箍筋表示方法的平法识图见表 2-22。

表 2-22　基础主/次梁箍筋识图

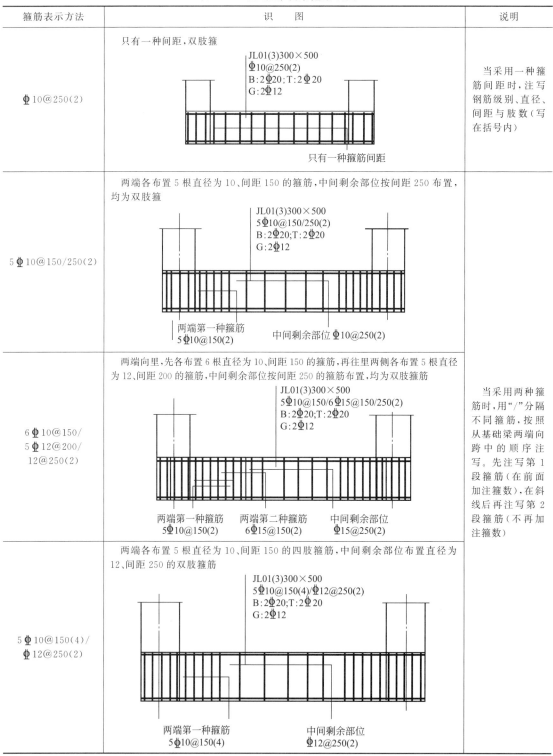

箍筋表示方法	识　图	说　明
$\Phi10@250(2)$	只有一种间距，双肢箍　　　　　　　JL01(3)300×500 $\Phi10@250(2)$ B:2Φ20;T:2Φ20 G:2Φ12 只有一种箍筋间距	当采用一种箍筋间距时，注写钢筋级别、直径、间距与肢数（写在括号内）
$5\Phi10@150/250(2)$	两端各布置 5 根直径为 10、间距 150 的箍筋，中间剩余部位按间距 250 布置，均为双肢箍 JL01(3)300×500 $5\Phi10@150/250(2)$ B:2Φ20;T:2Φ20 G:2Φ12 两端第一种箍筋　　中间剩余部位 $\Phi10@250(2)$ $5\Phi10@150(2)$	
$6\Phi10@150/$ $5\Phi12@200/$ $12@250(2)$	两端向里，先各布置 6 根直径为 10、间距 150 的箍筋，再往里两侧各布置 5 根直径为 12、间距 200 的箍筋，中间剩余部位按间距 250 的箍筋布置，均为双肢箍筋 JL01(3)300×500 $5\Phi10@150/6\Phi15@150/250(2)$ B:2Φ20;T:2Φ20 G:2Φ12 两端第一种箍筋　　两端第二种箍筋　　中间剩余部位 $5\Phi10@150(2)$　　$6\Phi15@150(2)$　　$\Phi15@250(2)$	当采用两种箍筋时，用"/"分隔不同箍筋，按照从基础梁两端向跨中的顺序注写。先注写第 1 段箍筋（在前面加注箍数），在斜线后再注写第 2 段箍筋（不再加注箍数）
$5\Phi10@150(4)/$ $\Phi12@250(2)$	两端各布置 5 根直径为 10、间距 150 的四肢箍筋，中间剩余部位布置直径为 12、间距 250 的双肢箍筋 JL01(3)300×500 $5\Phi10@150(4)/\Phi12@250(2)$ B:2Φ20;T:2Φ20 G:2Φ12 两端第一种箍筋　　　　中间剩余部位 $5\Phi10@150(4)$　　　　$\Phi12@250(2)$	

施工时应注意：两向基础主梁相交的柱下区域，应有一向截面较高的基础主梁箍筋贯通设置；当两向基础主梁高度相同时，任选一向基础主梁箍筋贯通设置。

b. 基础梁的底部、顶部及侧面纵向钢筋。

ⅰ. 以"B"打头，先注写梁底部贯通纵筋（不应少于底部受力钢筋总截面面积的 1/3）。当跨中所注根数少于箍筋肢数时，需要在跨中加设架立筋以固定箍筋，注写时，用"+"将贯通纵筋与架立筋相连，架立筋注写在加号后面的括号内。

ⅱ. 以"T"打头，注写梁顶部贯通纵筋值。注写时用"；"将底部与顶部纵筋分隔开。

【例 2-25】 B 4 Φ 32；T 7 Φ 32，表示梁的底部配置 4 Φ 32 的贯通纵筋，梁的顶部配置 7 Φ 32 的贯通纵筋。

ⅲ. 当梁底部或顶部贯通纵筋多于一排时，用"/"将各排纵筋自上而下分开。

ⅳ. 以"G"打头，注写梁两侧面设置的纵向构造钢筋有总配筋值（当梁腹板高度 h_w 不小于 450mm 时，根据需要配置）。

【例 2-26】 G 8 Φ 16，表示梁的两个侧面共配置 8 Φ 16 的纵向构造钢筋，每侧各配置 4 Φ 16。

当需要配置抗扭纵向钢筋时，梁两个侧面设置的抗扭纵向钢筋以"N"打头。

【例 2-27】 N 8 Φ 16，表示梁的两个侧面共配置 8 Φ 16 的纵向抗扭钢筋，沿截面周边均匀对称设置。

注：1. 当为梁侧面构造钢筋时，其搭接与锚固长度可取为 15d。

2. 当为梁侧面受扭纵向钢筋时，其锚固长度为 l_a，搭接长度为 l_l；其锚固方式同基础梁上部纵筋。

④ 基础梁底面标高高差（系指相对于筏形基础平板底面标高的高差值），该项为选注值。有高差时需将高差写入括号内（如"高板位"与"中板位"基础梁的底面与基础平板地面标高的高差值），无高差时不注（如"低板位"筏形基础的基础梁）。

（2）原位标注。

① 梁支座的底部纵筋。梁支座的底部纵筋，系指包含贯通纵筋与非贯通纵筋在内的所有纵筋，如图 2-115 所示。其原位标注识图见表 2-23。

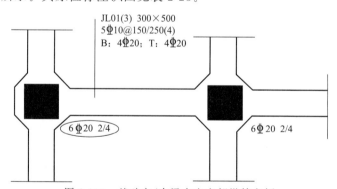

JL01(3) 300×500
5 Φ 10@150/250(4)
B: 4 Φ 20；T：4 Φ 20

6 Φ 20 2/4   6 Φ 20 2/4

图 2-115 基础主/次梁支座底部纵筋实例

当梁端（支座）区域的底部全部纵筋与集中注写过的贯通纵筋相同时，可不再重复做原位标注。

竖向加腋梁加腋部位钢筋，需在设置加腋的支座处以"Y"打头注写在括号内。

设计时应注意：当对底部一平的梁支座两边的底部非贯通纵筋采用不同配筋值时，应先按较小一边的配筋值选配相同直径的纵筋贯穿支座，再将较大一边的配筋差值选配适当直径的钢筋锚入支座，避免造成两边大部分钢筋直径不相同的不合理配置结果。

施工及预算方面应注意：当底部贯通纵筋经原位修正注写后，两种不同配置的底部贯通纵筋应在两毗邻跨中配置较小一跨的跨中连接区域连接（即配置较大一跨的底部贯通纵筋需越过其跨数终点或起点伸至毗邻跨的跨中连接区域）。

表 2-23　基础主/次梁支座原位标注识图

标注方法	识　图	标准说明
6φ20　2/4	上下两排，上排2φ20是底部非贯通纵筋，下排4φ20是底部贯通纵筋 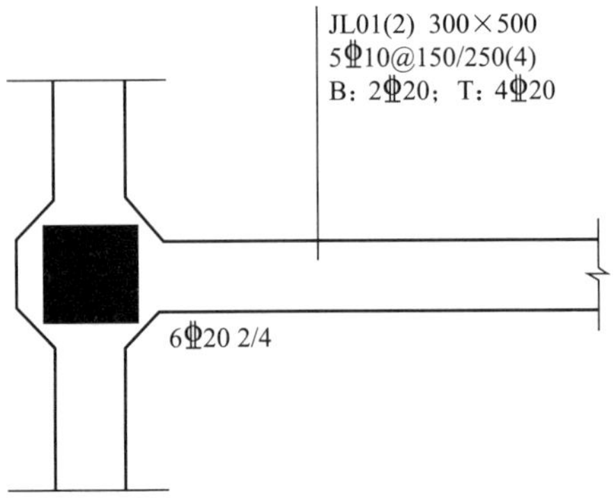 JL01(2)　300×500 5φ10@150/250(4) B：2φ20；T：4φ20 6φ20 2/4	当底部纵筋多余一排时，用"/"将各排纵筋自上而下分开
6φ20　2/4	支座左右的配筋均为上下两排，上排2φ20是底部非贯通纵筋，下排4φ20是底部贯通纵筋 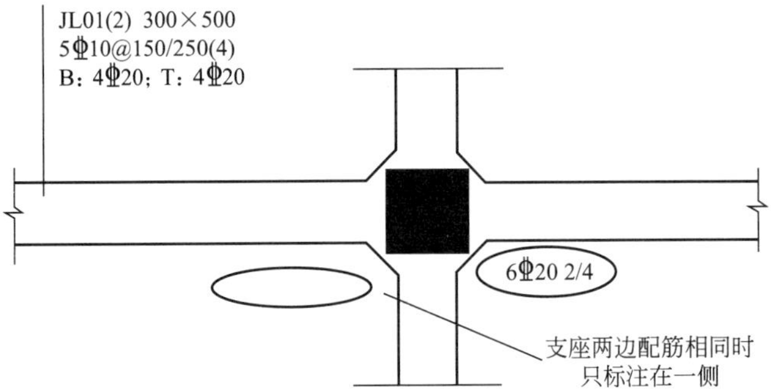 JL01(2)　300×500 5φ10@150/250(4) B：4φ20；T：4φ20 6φ20 2/4 支座两边配筋相同时只标注在一侧	当梁中间支座两边的底部纵筋相同时，只在支座的一边标注配筋值
2φ20+2φ18	图中2φ20是底部贯通纵筋，2φ18底部非贯通纵筋 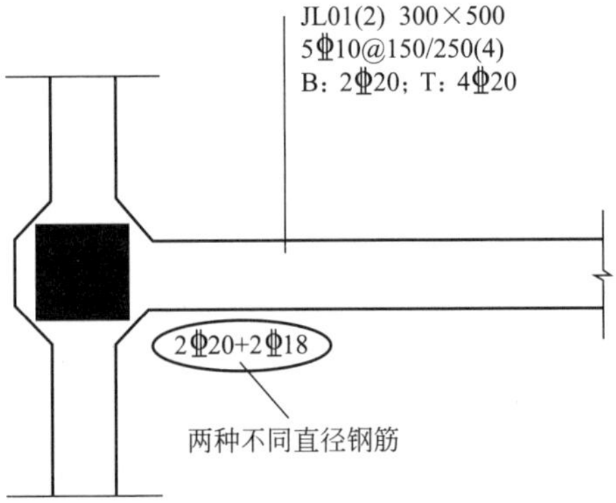 JL01(2)　300×500 5φ10@150/250(4) B：2φ20；T：4φ20 2φ20+2φ18 两种不同直径钢筋	当同排有两种直径时，用"＋"将两种直径的纵筋相连

续表

标注方法	识　图	标准说明
4 🖉 20②5 🖉 20	(1)中间支座柱下两侧底部配筋不同,②轴左侧 4 🖉 20,其中 2 根为底部贯通筋,另 2 根为底部非贯通纵筋;②轴右侧 5 🖉 20,其中 2 根为底部贯通纵筋,另 3 根为底部非贯通纵筋 (2)②轴左侧为 4 根,右侧为 5 根,它们直径相同,只是根数不同,则其中 4 根贯穿②轴,右侧多出的 1 根进行锚固。 JL01(2)　300×500 5🖉10@150/250(4) B: 2🖉20; T: 4🖉20 4🖉20　　　5🖉20 支座两边配筋不同 ②	当梁中间支座两边底部纵筋配置不同时,需在支座两边分别标注

② 基础梁的附加箍筋或（反扣）吊筋。将其直接画在平面图中的主梁上，用线引注总配筋值（附加箍筋的肢数注在括号内），当多数附加箍筋或（反扣）吊筋相同时，可在基础梁平法施工图上统一注明，少数与统一注明值不同时，再原位引注。

施工时应注意：附加箍筋或（反扣）吊筋的几何尺寸应按照标准构造详图，结合其所在位置的主梁和次梁的截面尺寸确定。

③ 当基础梁外伸部位变截面高度时，在该部位原位注写 $b \times h_1/h_2$，h_1 为根部截面高度，h_2 为尽端截面高度，如图 2-116 所示。

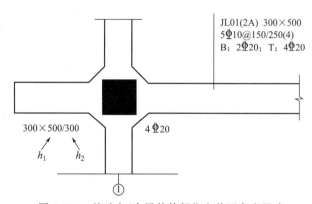

图 2-116　基础主/次梁外伸部位变截面高度尺寸

④ 注写修正内容。当在基础梁上集中标注的某项内容（如梁截面尺寸、箍筋、底部与顶部贯通纵筋或架立筋、梁侧面纵向构造钢筋、梁底面标高高差等）不适用于某跨或某外伸部分时，则将其修正内容原位标注在该跨或该外伸部位，施工时原位标注取值优先。

当在多跨基础梁的集中标注中已注明竖向加腋，而该梁某跨根部不需要竖向加腋时，则应在该跨原位标注等截面的 $b \times h$，以修正集中标注中的加腋信息。如图 2-117 所示，JL01 集中标注的截面尺寸为 300mm×700mm，第 3 跨原位标注为 300mm×500mm，表示第 3 跨发生了截面变化。

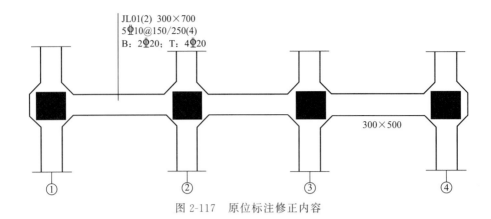

图 2-117　原位标注修正内容

2.8.1.4　梁板式筏形基础平板的平面注写方式

梁板式筏形基础平板 LPB 的平面注写，分为集中标注与原位标注两部分内容。

（1）集中标注。梁板式筏形基础平板 LPB 贯通纵筋的集中标注，应在所表达的板区双向均为第一跨（X 与 Y 双向首跨）的板上引出（图面从左至右为 X 向，从下至上为 Y 向），如图 2-118 所示。

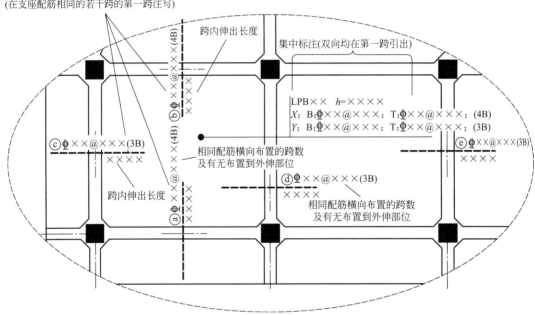

图 2-118　梁板式筏形基础平板集中标注

板区划分条件：板厚相同、基础平板底部与顶部贯通纵筋配置相同的区域为同一板区。集中标注的内容如下。

① 基础平板的编号，见表 2-21。

② 基础平板的截面尺寸。注写 $h=\times\times\times$ 表示板厚。

③ 基础平板的底部与顶部贯通纵筋及其跨数及外伸情况。先注写 X 向底部（"B"打头）贯通纵筋与顶部（"T"打头）贯通纵筋及纵向长度范围；再注写 Y 向底部（"B"打头）贯通纵筋与顶部（"T"打头）贯通纵筋及其跨数及外伸长度（图面从左至右为 X 向，从下至上为 Y 向）。

　　贯通纵筋的跨数及外伸长度注写在括号中，注写方式为"跨数及有无外伸"，其表达形式为：(××)(无外伸)、(××A)(一端有外伸) 或 (××B)(两端有外伸)。

　　注：基础平板的跨数以构成柱网的主轴线为准；两主轴线之间无论有几道辅助轴线（例如框筒结构中混凝土内筒中的多道墙体），均可按一跨考虑。

　　当贯通纵筋采用两种规格钢筋"隔一布一"方式时，表达为 $xx/yy@××$，表示直径 xx 的钢筋和直径 yy 的钢筋之间的间距为××，直径为 xx 的钢筋、直径为 yy 的钢筋间距分别为××的 2 倍。

　　施工及预算方面应注意：当基础平板分板区进行集中标注，并且相邻板区板底一平时，两种不同配置的底部贯通纵筋应在两毗邻板跨中配筋较小板跨的跨中连接区域连接（即配置较大板跨的底部贯通纵筋需越过板区分界线伸至毗邻板跨的跨中连接区域）。

　　(2) 原位标注。梁板式筏形基础平板 LPB 的原位标注，主要表达板底部附加非贯通纵筋。

　　① 原位注写位置及内容。板底部原位标注的附加非贯通纵筋，应在配置相同的第一跨表达（当在基础梁悬挑部位单独配置时则在原位表达）。在配置相同跨的第一跨（或基础梁外伸部位），垂直于基础梁，绘制一段中粗虚线（当该筋通长设置在外伸部位或短跨板下部时，应画至对边或贯通短跨），在虚线上注写编号（如①、②等）、配筋值、横向布置的跨数及是否布置到外伸部位，如图 2-119 所示。

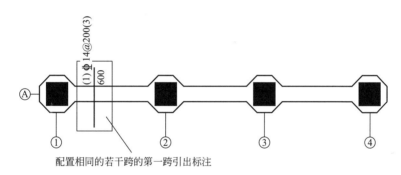

图 2-119　筏基平板原位标注

　　注：(××) 为横向布置的跨数，(××A) 为横向布置的跨数及一端基础梁的外伸部位，(××B) 为横向布置的跨数及两端基础梁外伸部位。

　　板底部附加非贯通纵筋自支座中线向两边跨内的伸出长度值注写在线段的下方位置。当该筋向两侧对称伸出时，可仅在一侧标注，另一侧不注；当布置在边梁下时，向基础平板外伸部位一侧的伸出长度与方式按标准构造，设计不注。底部附加非贯通筋相同者，可仅注写一处，其他只注写编号。

　　横向连续布置的跨数及是否布置到外伸部位，不受集中标注贯通纵筋的板区限制。

　　原位注写的底部附加非贯通纵筋与集中标注的底部贯通钢筋，宜采用"隔一布一"的方式布置，即基础平板（X 向或 Y 向）底部附加非贯通纵筋与贯通纵筋间隔布置，其标注间距与底部贯通纵筋相同（两者实际组合后的间距为各自标注间距的 1/2）。

　　② 修正内容。当集中标注的某些内容不适用于梁板式筏形基础平板某板区的某一板跨时，应由设计者在该板跨内注明，施工时应按注明内容取用。

　　③ 当若干基础梁下基础平板的底部附加非贯通纵筋配置相同时（其底部、顶部的贯通纵筋可以不同），可仅在一根基础梁下作原位注写，并在其他梁上注明"该梁下基础平板底部附加非贯通纵筋同××基础梁"。

2.8.2　平板式筏形基础平法施工图识读

2.8.2.1　平板式筏形基础平法施工图的表示方法

（1）平板式筏形基础平法施工图，是指在基础平面布置图上采用平面注写方式表达。

（2）当绘制基础平面布置图时，应将平板式筏形基础与其所支承的柱、墙一起绘制。当基础底面标高不同时，需注明与基础底面基准标高不同之处的范围和标高。

2.8.2.2　平板式筏形基础构件的类型与编号

平板式筏形基础的平面注写表达方式有两种：一是划分为柱下板带和跨中板带进行表达；二是按基础平板进行表达。平板式筏形基础构件编号见表 2-24。

表 2-24　平板式筏形基础构件编号

构件类型	代号	序号	跨数及有无外伸
柱下板带	ZXB	××	(××)或(××A)或(××B)
跨中板带	KZB	××	(××)或(××A)或(××B)
平板筏基础平板	BPB		

注：1.(××A) 为一端有外伸，(××B) 为两端有外伸，外伸不计入跨数。

2.平板式筏形基础平板，其跨数及是否有外伸分别在 X、Y 两向的贯通纵筋之后表达。图面从左至右为 X 向，从下至上为 Y 向。

柱下板带 ZXB（视其为无箍筋的宽扁梁）与跨中板带 KZB 的平面注写，分集中标注与原位标注两部分内容。

平板式筏形基础平板 BPB 的平面注写，分为集中标注与原位标注两部分内容，如图 2-120 所示。

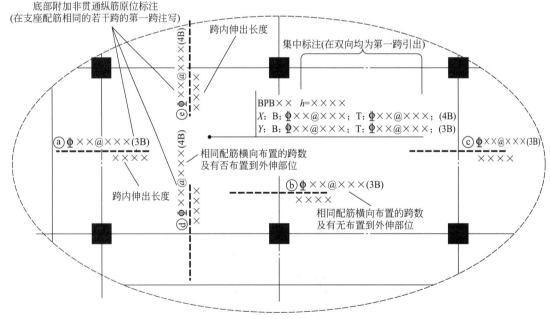

图 2-120　平板式筏形基础平面注写示意

基础平板 BPB 的平面注写与柱下板带 ZXB、跨中板带 KZB 的平面注写虽是不同的表达方式，但可以表达同样的内容。当整片板式筏形基础配筋比较规律时，宜采用 BPB 表达方式。

平板式筏形基础平板 BPB 的集中标注，除按表 2-24 注写编号外，所有规定均与"梁板式筏形基础平板 LPB 的集中标注"相同。此处主要讲解由柱下板带与跨中板带组成的平板式筏形基础。

2.8.2.3　柱下板带与跨中板带的集中标注

柱下板带与跨中板带的集中标注，应在第一跨（X 向为左端跨，Y 向为下端跨）引出。由编号、截面尺寸、底部与顶部贯通纵筋三项内容组成，如图 2-121 所示。

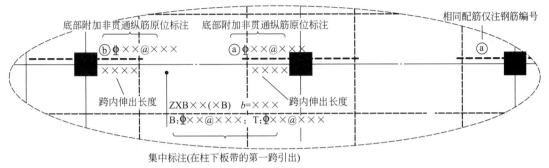

图 2-121　柱下板带与跨中板带集中标注识图

（1）编号。注写编号见表 2-24。

（2）截面尺寸。注写 $b=\times\times\times$ 表示板带宽度（在图注中注明基础平板厚度）。确定柱下板带宽度应根据规范要求与结构实际受力需要。当柱下板带宽度确定后，跨中板带宽度亦随之确定（即相邻两平行柱下板带之间的距离）。当柱下板带中心线偏离柱中心线时，应在平面图上标注其定位尺寸。

（3）底部与顶部贯通纵筋。注写底部贯通纵筋（"B"打头）与顶部贯通纵筋（"T"打头）的规格与间距，用"；"将其分隔开。柱下板带的柱下区域，通常在其底部贯通纵筋的间隔内插空设有（原位注写的）底部附加非贯通纵筋。

施工及预算方面应注意：当柱下板带的底部贯通纵筋配置从某跨开始改变时，两种不同配置的底部贯通纵筋应在两毗邻跨中配置较小跨的跨中连接区域连接（即配置较大跨的底部贯通纵筋需越过其跨数终点或起点外伸至毗邻跨的跨中连接区域）。

2.8.2.4　柱下板带与跨中板带原位标注

柱下板带与跨中板带原位标注识图如图 2-122 所示。

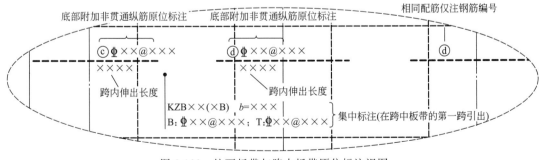

图 2-122　柱下板带与跨中板带原位标注识图

以一段与板带同向的中粗虚线代表附加非贯通纵筋；柱下板带，贯穿其柱下区域绘制；跨中板带，横穿柱中线绘制。在虚线上注写底部附加非贯通纵筋的编号（例如①、②等）、钢筋级别、直径、间距以及自柱中线分别向两侧跨内的伸出长度值。当向两侧对称伸出时，长度值可仅在一侧标注，另一侧不注。外伸部位的伸出长度与方式按标准构造，设计不注。对同一板带中底部附加非贯通筋相同者，可仅在一根钢筋上注写，其他可仅在中粗虚线上注写编号。

原位注写的底部附加非贯通纵筋与集中标注的底部贯通纵筋，宜采用"隔一布一"的方式布置，即柱下板带或跨中板带底部附加非贯通纵筋与贯通纵筋交错插空布置，其标注间距与底部贯通纵筋相同（两者实际组合后的间距为各自标注间距的 1/2）。

当跨中板带在轴线区域不设置底部附加非贯通纵筋时，则不作原位注写。

当在柱下板带、跨中板带上集中标注的某些内容（例如截面尺寸、底部与顶部贯通纵筋等）不适用于某跨或某外伸部分时，则将修正的数值原位标注在该跨或该外伸部位，施工时原位标注取值优先。

设计时应注意：对于支座两边不同配筋值的（经注写修正的）底部贯通纵筋，应按较小一边的配筋值选配相同直径的纵筋贯穿支座，较大一边的配筋差值选配适当直径的钢筋锚入支座，避免造成两边大部分钢筋直径不相同的不合理配置结果。

第3章
平法钢筋标准构造详图

3.1 柱构件平法识图

3.1.1 KZ、QZ、LZ 钢筋构造

3.1.1.1 KZ 纵向钢筋连接构造

　　框架柱纵筋有三种连接方式：绑扎连接、机械连接和焊接连接，如图 3-1 所示。

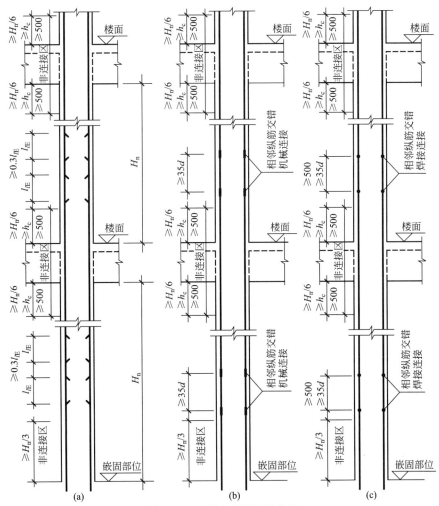

图 3-1　KZ 纵向钢筋连接构造

（a）绑扎搭接；（b）机械连接；（c）焊接连接

H_n—所在楼层的柱净高；h_c—柱截面长边尺寸；l_{lE}—纵向受拉钢筋抗震搭接长度；d—纵向受力钢筋的较大直径

图 3-1 分别画出了柱纵筋绑扎搭接、机械连接和焊接连接的三种连接方式，绑扎搭接在实际的工程应用中不常见，因此我们着重介绍柱纵筋的机械连接和焊接连接。

（1）柱纵筋的非连接区。所谓"非连接区"，就是柱纵筋不允许在这个区域内进行连接。

① 嵌固部位以上有一个"非连接区"，其长度为 $H_n/3$（H_n 即从嵌固部位到顶板梁底的柱的净高）。

② 楼层梁上下部位的范围形成一个"非连接区"，其长度包括三部分：梁底以下部分、梁中部分和梁顶以上部分。

a. 梁底以下部分的非连接区长度 $\geqslant \max$（$H_n/6$，h_c，500mm）（H_n 为所在楼层的柱净高，h_c 为柱截面长边尺寸，圆柱为截面直径）。

b. 梁中部分的非连接区长度＝梁的截面高度。

c. 梁顶以上部分的非连接区长度 $\geqslant \max$（$H_n/6$，h_c，500mm）（H_n 为上一楼层的柱净高，h_c 为柱截面长边尺寸，圆柱为截面直径）。

（2）柱相邻纵向钢筋连接接头应相互错开。柱相邻纵向钢筋连接接头相互错开，在同一连接区段内钢筋接头面积百分率不应大于 50％。柱纵向钢筋连接接头相互错开的距离：

① 机械连接接头错开距离 $\geqslant 35d$。

② 焊接连接接头错开距离 $\geqslant 35d$ 且 $\geqslant 500$mm。

③ 绑扎搭接连接搭接长度 l_{lE}（l_{lE} 即绑扎搭接长度），接头错开距离 $\geqslant 0.3l_{lE}$。

3.1.1.2　上、下柱钢筋不同时钢筋构造

上、下柱钢筋不同时钢筋构造见表 3-1。

表 3-1　上、下柱钢筋不同时钢筋构造

情　况	识　图	构造要点
当上柱钢筋根数比下柱多时		上柱多出的钢筋锚入下柱（楼面以下）$1.2l_{aE}$（l_{aE} 为受拉钢筋抗震锚固长度）
当下柱钢筋根数比上柱多时		下柱多出的钢筋伸入楼层梁，从梁底算起伸入楼层梁的长度为 $1.2l_{aE}$。如果楼层梁的截面高度小于 $1.2l_{aE}$，则下柱多出的钢筋可能伸出楼面以上

续表

情　况	识　图	构造要点
当上柱钢筋直径比下柱大时	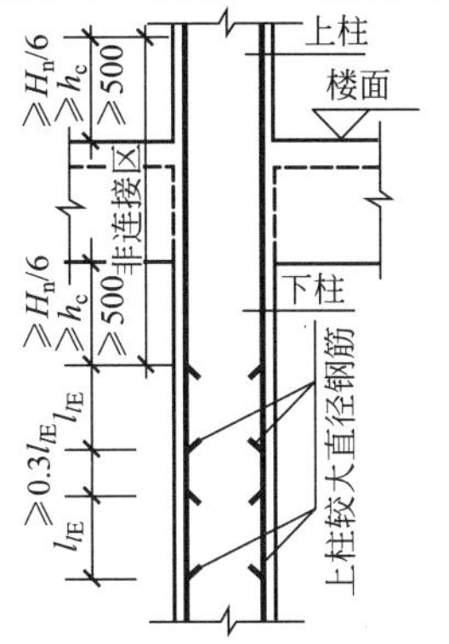	上下柱纵筋的连接不在楼面以上连接,而改在下柱内进行连接
当下柱钢筋直径比上柱大时	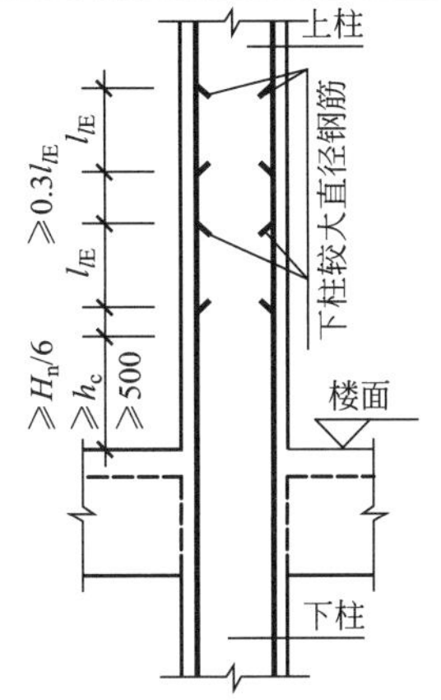	上下柱纵筋的连接不在楼层梁以下连接,而改在上柱内进行连接

3.1.1.3　KZ、QZ、LZ 箍筋加密区范围

在基础顶面嵌固部位 $\geqslant H_n/3$ 范围内,中间层梁柱节点以下和以上各 $\max(H_n/6,500\text{mm},h_c)$ 范围内,顶层梁底以下 $\max(H_n/6,500\text{mm},h_c)$ 至屋面顶层范围内,如图 3-2 所示。

3.1.1.4　剪力墙上柱 QZ 纵筋构造

剪力墙上柱,是指普通剪力墙上个别部位的少量起柱,不包括结构转换层上的剪力墙柱。剪力墙上柱按柱纵筋的锚固情况分为柱与墙重叠一层和柱纵筋锚固在墙顶部两种类型,如图 3-3 所示。

第一种锚固方法,如图 3-3(a) 所示,就是把上层框架柱的全部纵筋向下伸至下层剪力墙的楼面上,也就是与下层剪力墙重叠一个楼层。

第二种锚固方法,如图 3-3(b) 所示,与第一种锚固方法不同,第二种方法不是与下层剪力墙重叠一个楼层,而是指在下层剪力墙的上端进行锚固。其做法是:锚入下层剪力墙上部,其直锚长度为 $1.2l_{aE}$,弯直钩 150mm。在墙顶面标高以下锚固范围内的柱箍筋按上柱非加密区箍筋要求设置。

3.1.1.5　梁上柱 LZ 纵筋构造

框架梁上起柱,指一般框架梁上的少量起柱(例如支撑层间楼梯梁的柱等),其构造不适用于结构转换层上的转换大梁起柱。

框架梁上起柱,框架梁是柱的支撑,因此,当梁宽度大于柱宽度时,柱钢筋能比较可靠地锚固到框架梁中;当梁宽度小于柱宽时,为使柱钢筋在框架梁中锚固可靠,应在框架梁上加侧腋以提高梁对柱钢筋的锚固性能。

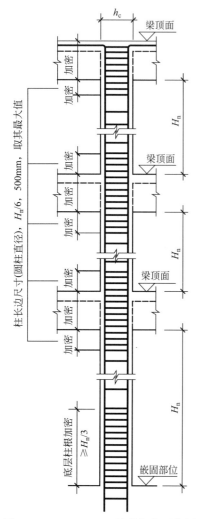

图 3-2 KZ、QZ、LZ 箍筋加密区范围

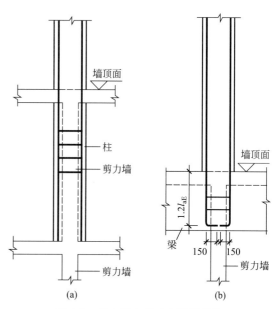

图 3-3 剪力墙上柱 QZ 纵筋构造

（a）柱与墙重叠一层；（b）直接在剪力墙顶部起柱

柱插筋伸至梁底且≥20d，竖直锚固长度应≥0.6l_{abE}（l_{abE} 为抗震设计时受拉钢筋基本锚固长度），水平弯折 15d，d 为柱插筋直径。

柱在框架梁内应设置两道柱箍筋，当柱宽度大于梁宽时，梁应设置水平加腋。其构造要求如图 3-4 所示。

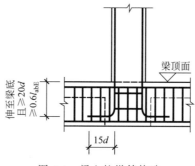

图 3-4 梁上柱纵筋构造

3.1.1.6　KZ 边柱和角柱柱顶纵向钢筋构造

框架柱边柱和角柱柱顶纵向钢筋构造有五个节点构造，如图 3-5 所示。

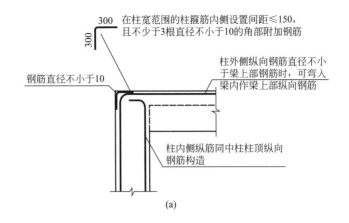

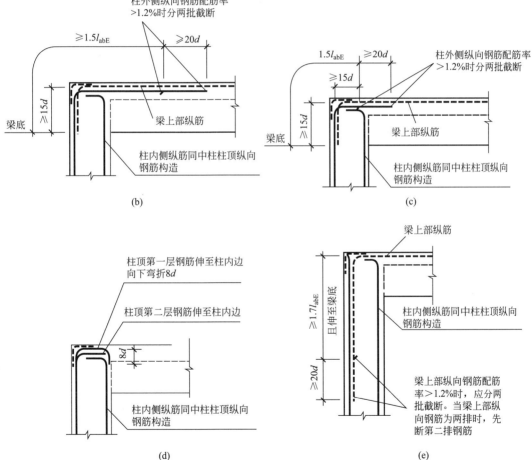

图 3-5　柱顶纵向钢筋构造（柱纵筋锚入梁中）

（a）节点①：柱筋作为梁上部钢筋使用；（b）节点②：从梁底算起 $1.5l_{abE}$ 超过柱内侧边缘；

（c）节点③：从梁底算起 $1.5l_{abE}$ 未超过柱内侧边缘；（d）节点④：当现浇板厚度不小于

100mm 时，也可按节点②的方式伸入板内锚固，且伸入板内长度不宜小于 $15d$；

（e）节点⑤：梁、柱纵向钢筋搭接接头沿节点外侧直线布置

（1）节点①、②、③、④应相互配合使用，节点④不应单独使用（只用于未伸入梁内的柱外侧纵筋锚固），伸入梁内的柱外侧纵筋不宜少于柱外侧全部纵筋面积的 65％。

（2）可选择②＋④或③＋④或①＋②＋④或①＋③＋④的做法。

（3）节点⑤用于梁、柱纵向钢筋接头沿节点柱顶外侧直线布置的情况，可与节点①组合使用。

（4）可选择⑤或①＋⑤的做法。

（5）设计未注明采用哪种构造时，施工人员应根据实际情况按各种做法所要求的条件正确地选用。

3.1.1.7　KZ 中柱柱顶纵向钢筋构造

根据框架柱在柱网布置中的具体位置（或框架柱四边中与框架梁连接的边数），可分为中柱、边柱和角柱。根据框架柱中钢筋的位置，可以将框架柱中的钢筋分为框架柱内侧纵筋和外侧纵筋。顶层中间节点（顶层中柱与顶层梁节点）的柱纵筋全部为内侧纵筋，顶层边节点（顶层边柱与顶层梁节点）和顶层角节点（顶层角柱与顶层梁节点）分别由内侧和外侧钢筋组成。

框架柱中柱柱顶纵向钢筋构造如图 3-6 所示。

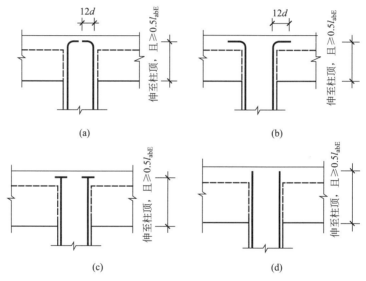

图 3-6　框架柱中柱柱顶纵向钢筋构造

（a）框架柱纵筋在顶层弯锚 1；（b）框架柱纵筋在顶层弯锚 2；
（c）框架柱纵筋在顶层加锚头/锚板；（d）框架柱纵筋在顶层直锚

（1）柱纵筋弯锚入梁中。当顶层框架梁的高度（减去保护层厚度）不能够满足框架柱纵向钢筋的最小锚固长度时，框架柱纵筋伸入框架梁内，采取向内弯折锚固的形式，如图 3-6（a）所示；当直锚长度小于最小锚固长度，且顶层为现浇混凝土板，其混凝土强度等级不小于 C20，板厚不小于 100mm 时，可以采用向外弯折锚固的形式，如图 3-6（b）所示。

（2）柱纵筋加锚头/锚板伸至梁中。当顶层框架梁的高度（减去保护层厚度）不能够满足框架柱纵向钢筋的最小锚固长度时，框架柱纵筋伸入框架梁内，可采取端头加锚头（锚板）锚固的形式，如图 3-6（c）所示。

（3）柱纵筋直锚入梁中。当顶层框架梁的高度（减去保护层厚度）能够满足框架柱纵向钢筋的最小锚固长度时，框架柱纵筋伸入框架梁内，采取直锚的形式，如图 3-6（d）所示。

3.1.1.8　KZ柱变截面位置纵向钢筋构造

框架柱变截面位置纵向钢筋的构造要求通常是指当楼层上、下柱截面发生变化时，其纵筋在节点内根的锚固方法和构造措施。纵向钢筋根据框架柱在上、下楼层截面变化相对梁高数值的大小及其所处位置，可分为五种情况，具体构造如图 3-7 所示。

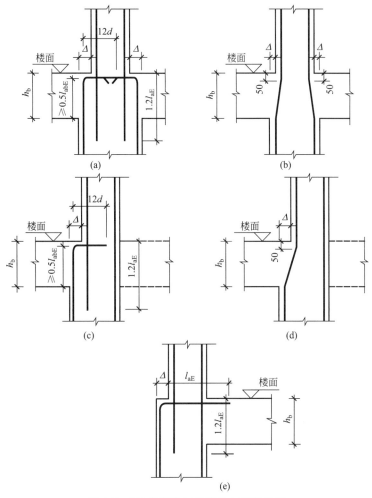

图 3-7　KZ柱变截面位置纵向钢筋构造

(a) $\Delta/h_b>1/6$；(b) $\Delta/h_b\leqslant1/6$；(c) $\Delta/h_b>1/6$；(d) $\Delta/h_b\leqslant1/6$；(e) 外侧错台

l_{abE}—抗震设计时受拉钢筋基本锚固长度；d—钢筋直径；l_{aE}—受拉钢筋抗震锚固长度；

Δ—上下柱同向侧面错台的宽度；h_b—框架梁的截面高度

根据错台的位置及斜率比的大小，可以得出框架柱变截面处的纵筋构造要点，其中，Δ 为上下柱同向侧面错台的宽度，h_b 为框架梁的截面高度。

(1) 变截面的错台在内侧。变截面的错台在内侧时，可分为两种情况。

① $\Delta/h_b>1/6$。图 3-7(a)、(c)：下层柱纵筋断开，上层柱纵筋伸入下层；下层柱纵筋伸至该层顶 $12d$；上层柱纵筋伸入下层 $1.2l_{aE}$。

② $\Delta/h_b\leqslant1/6$。图 3-7(b)、(d)：下层柱纵筋斜弯连续伸入上层，不断开。

(2) 变截面的错台在外侧。变截面的错台在外侧时，构造如图 3-7(e) 所示，端柱处变截面，下层柱纵筋断开，伸至梁顶后弯锚进框架梁内，弯折长度为（$\Delta+l_{aE}$－纵筋保护层），上层柱纵筋伸入下层 $1.2l_{aE}$。

3.1.2　地下室 KZ 钢筋构造

3.1.2.1　地下室 KZ 纵向钢筋连接构造

地下室框架柱纵筋有三种连接方式：绑扎连接、机械连接和焊接连接，如图 3-8 所示。

（1）柱纵筋的非连接区。

① 基础顶面以上有一个"非连接区"，其长度≥max（$H_n/6$，h_c，500mm）（H_n 为从基础顶面到顶板梁底的柱的净高，h_c 为柱截面长边尺寸，圆柱为截面直径）。

② 地下室楼层梁上下部的范围形成一个"非连接区"，其长度包括三个部分：梁底以下部分、梁中部分和梁顶以上部分。

a. 梁底以下部分的非连接区长度≥max（$H_n/6$，h_c，500mm）（H_n 为所在楼层的柱净高，h_c 为柱截面长边尺寸，圆柱为截面直径）。

b. 梁中部分的非连接区长度＝梁的截面高度。

c. 梁顶以上部分的非连接区长度≥max（$H_n/6$，h_c，500mm）（H_n 为上一楼层的柱净

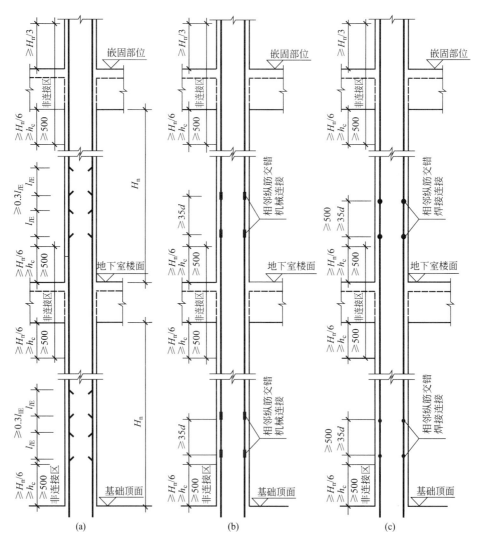

图 3-8　地下室 KZ 纵向钢筋连接构造

(a) 绑扎搭接；(b) 机械连接；(c) 焊接连接

H_n—所在楼层的柱净高；h_c—柱截面长边尺寸；l_{lE}—纵向受拉钢筋抗震搭接长度；d—纵向受力钢筋的较大直径

高，h_c 为柱截面长边尺寸，圆柱为截面直径）。

③ 嵌固部位上下部范围内形成一个"非连接区"，其长度包括三个部分：梁底以下部分、梁中部分和梁顶以上部分。

a. 嵌固部位梁以下部分的非连接区长度≥max（$H_n/6$，h_c，500mm）（H_n 为所在楼层的柱净高；h_c 为柱截面长边尺寸，圆柱为截面直径）。

b. 嵌固部位梁中部分的非连接区长度＝梁的截面高度。

c. 嵌固部位梁以上部分的非连接区长度≥$H_n/3$（H_n 为上一楼层的柱净高）。

（2）柱相邻纵向钢筋连接接头要相互错开。

柱相邻纵向钢筋连接接头相互错开，在同一连接区段内钢筋接头面积百分率不应大于50%。

柱纵向钢筋连接接头相互错开距离：

① 机械连接接头错开距离≥35d（d 为纵向受力钢筋的较大直径）；

② 焊接连接接头错开距离≥35d 且≥500mm；

③ 绑扎搭接连接搭接长度 l_{lE}（l_{lE} 是绑扎搭接长度），接头错开的静距离≥0.3l_{lE}。

3.1.2.2　地下室 KZ 的箍筋加密区范围

地下室框架的箍筋加密区间为：基础顶面以上 max（$H_n/6$，500mm，h_c）范围内、地下室楼面以上以下各 max（$H_n/6$，500mm，h_c）范围内、嵌固部位以上≥$H_n/3$ 及其以下（$H_n/6$，500mm，h_c）高度范围内，如图 3-9(a) 所示。

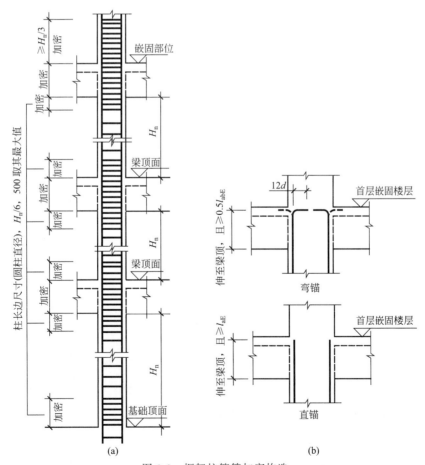

图 3-9　框架柱箍筋加密构造

（a）地下室顶板为上部结构的嵌固部位；（b）地下一层增加钢筋在嵌固部位的锚固构造

H_n—所在楼层的柱净高；l_{abE}—抗震设计时受拉钢筋基本锚固长度；d—钢筋直径；l_{aE}—受拉钢筋抗震锚固长度

当地下一层增加钢筋时，钢筋在嵌固部位的锚固构造如图3-9(b)所示。当采用弯锚结构时，钢筋伸至梁顶向内弯折12d，且锚入嵌固部位的竖向长度≥0.5l_{abE}。当采用直锚结构时，钢筋伸至梁顶且锚入嵌固部位的竖向长度≥l_{aE}。

3.2 剪力墙平法识图

3.2.1 剪力墙水平分布钢筋构造

3.2.1.1 水平分布筋在端部无暗柱封边构造

剪力墙水平分布钢筋在端部无暗柱封边构造要求如图3-10所示。

剪力墙水平分布筋在端部无暗柱时，可采用在端部设置U形水平筋（目的是箍住边缘竖向加强筋），墙身水平分布筋与U形水平搭接；也可将墙身水平分布筋伸至端部弯折10d。

3.2.1.2 水平分布筋在端部有暗柱封边构造

剪力墙水平分布钢筋在端部有暗柱封边构造要求如图3-11所示。

图 3-10　无暗柱时水平分布钢筋锚固构造
d—钢筋直径

每道水平分布钢筋均设双列拉筋

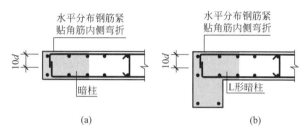

水平分布钢筋紧贴角筋内侧弯折

暗柱

(a)

水平分布钢筋紧贴角筋内侧弯折

L形暗柱

(b)

图 3-11　有暗柱时水平分布钢筋锚固构造
（a）暗柱；（b）L形暗柱
d—钢筋直径

剪力墙水平分布筋伸至边缘暗柱（L形暗柱）角筋外侧，弯折10d。

3.2.1.3 水平分布筋交错连接构造

剪力墙水平分布筋交错连接时，上下相邻两层的墙身水平分布筋交错搭接连接，搭接长度≥1.2l_{aE}，搭接范围交错≥500mm，如图3-12所示。

3.2.1.4 水平分布筋斜交墙构造

剪力墙斜交部位应设置暗柱，如图3-13所示。斜交墙外侧水平分布筋连续通过阳角，内侧水平分布筋在墙内弯折锚固长度为15d。

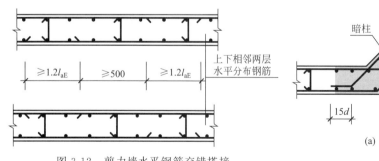

≥1.2l_{aE}　　≥500　　≥1.2l_{aE}

上下相邻两层水平分布钢筋

图 3-12　剪力墙水平钢筋交错搭接
l_{aE}—受拉钢筋抗震锚固长度

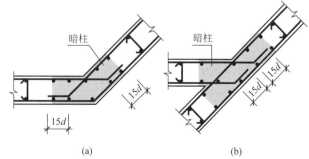

暗柱

15d

(a)

暗柱

15d　15d

(b)

图 3-13　斜交墙暗柱
（a）斜交转角墙；（b）斜交翼墙
d—钢筋直径

3.2.1.5 水平分布钢筋在转角墙锚固构造

剪力墙水平分布钢筋在转角墙锚固构造要求如图 3-14 所示。

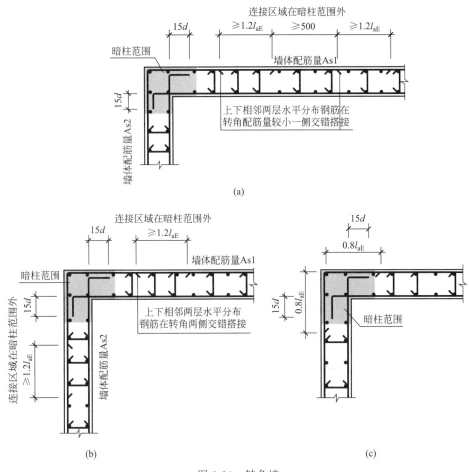

图 3-14 转角墙
(a) 转角墙 (一);(b) 转角墙 (二);(c) 转角墙 (三)
d—钢筋直径;l_{aE}—受拉钢筋抗震锚固长度

图 3-14(a):上下相邻两排水平分布筋在转角一侧交错搭接连接,搭接长度$\geq 1.2l_{aE}$,搭接范围错开间距 500mm;墙外侧水平分布筋连续通过转角,在转角墙核心部位以外与另一片剪力墙的外侧水平分布筋连接,墙内侧水平分布筋伸至转角墙核心部位的外侧钢筋内侧,水平弯折 15d。

图 3-14(b):上下相邻两排水平分布筋在转角两侧交错搭接连接,搭接长度$\geq 1.2l_{aE}$;墙外侧水平分布筋连续通过转角,在转角墙核心部位以外与另一片剪力墙的外侧水平分布筋连接,墙内侧水平分布筋伸至转角墙核心部位的外侧钢筋内侧,水平弯折 15d。

图 3-14(c):墙外侧水平分布筋在转角处搭接,搭接长度为 1.6l_{aE},墙内侧水平分布筋伸至转角墙核心部位的外侧钢筋内侧,水平弯折 15d。

3.2.1.6 水平分布钢筋在端柱锚固构造

剪力墙设有端柱时,水平分布筋在端柱锚固的构造要求如图 3-15 所示。

端柱位于转角部位时,位于端柱宽出墙身一侧的剪力墙水平分布筋伸入端柱水平长度$\geq 0.6l_{abE}$,弯折长度 15d;当位于端柱纵向钢筋内侧的墙水平分布钢筋(端柱节点中图示黑色墙体水平分布钢筋)伸入端柱的长度$\geq l_{aE}$ 时,可直锚。位于端柱与墙身相平一侧的剪力墙

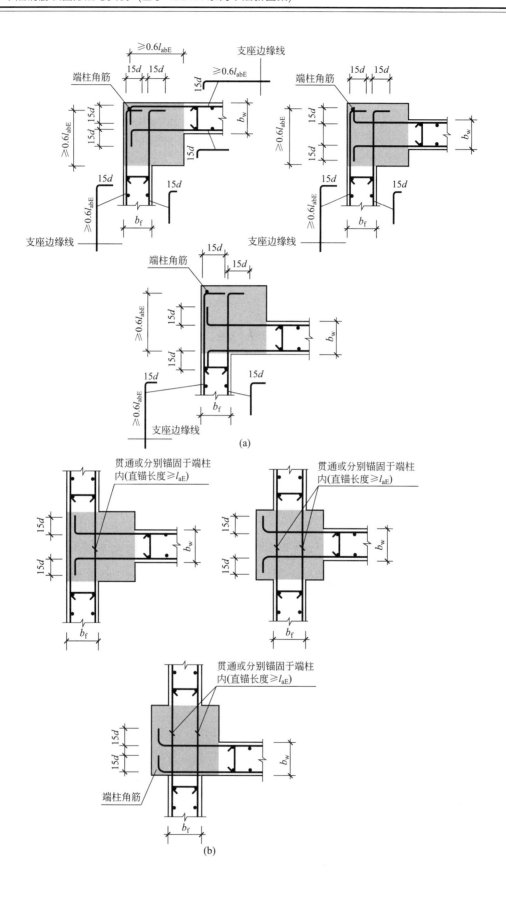

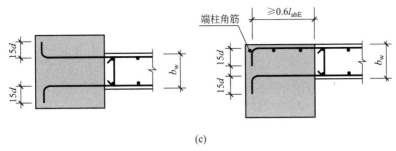

图 3-15　设置端柱时剪力墙水平分布钢筋锚固构造

（a）端柱转角墙；（b）端柱翼墙；（c）端柱端部墙

b_w—墙肢截面厚度；d—钢筋直径；l_{abE}—抗震设计时受拉钢筋基本

锚固长度；l_{aE}—受拉钢筋拉震锚固长度；b_f—墙翼截面厚度

水平分布筋绕过端柱阳角，与另一片墙段水平分布筋连接；也可不绕过端柱阳角，而直接伸至端柱角筋内侧向内弯折 $15d$。

非转角部位端柱，剪力墙水平分布筋伸入端柱弯折长度 $15d$；当直锚深度$\geq l_{aE}$ 时，可不设弯钩。

3.2.1.7　水平分布钢筋在翼墙锚固构造

水平分布钢筋在翼墙的锚固构造要求如图 3-16 所示。

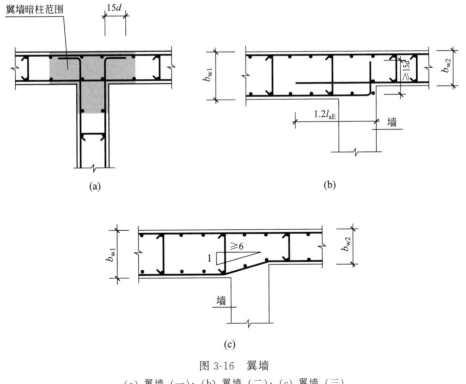

图 3-16　翼墙

（a）翼墙（一）；（b）翼墙（二）；（c）翼墙（三）

d—钢筋直径；l_{aE}—受拉钢筋抗震锚固长度；b_{w1}、b_{w2}—墙肢截面厚度

翼墙两翼的墙身水平分布筋连续通过翼墙；翼墙肢部墙身水平分布筋伸至翼墙核心部位的外侧钢筋内侧，水平弯折 $15d$。

3.2.2 剪力墙竖向分布钢筋构造

3.2.2.1 竖向分布筋连接构造

剪力墙竖向分布钢筋通常采用绑扎搭接、机械连接和焊接连接三种连接方式，如图 3-17 所示。

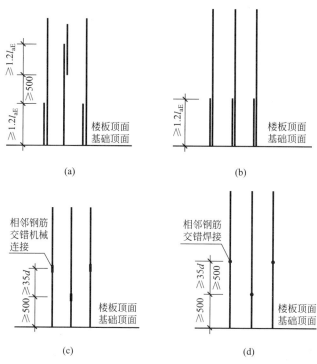

图 3-17 剪力墙竖向分布钢筋连接构造

(a)、(b) 绑扎搭接；(c) 机械连接；(d) 焊接连接

l_{aE}—受拉钢筋抗震锚固长度；d—纵向受力钢筋的较大直径

图 3-17(a)：一、二级抗震等级剪力墙底部加强部位的剪力墙竖向分布钢筋可在楼层层间任意位置搭接连接，搭接长度为 $1.2l_{aE}$ 止，搭接接头错开距离 500mm，钢筋直径大于 28mm 时不宜采用搭接连接。

图 3-17(b)：一、二级抗震等级剪力墙非底部加强部位或三、四级抗震等级的剪力墙身竖向分布钢筋可在楼层层间同一位置搭接连接，搭接长度为 $1.2l_{aE}$ 止，钢筋直径大于 28mm 时不宜采用搭接连接。

图 3-17(c)：当采用机械连接时，纵筋机械连接接头错开 $35d$；机械连接的连接点距离结构层顶面（基础顶面）或底面≥500。

图 3-17(d)：当采用焊接连接时，纵筋焊接连接接头错开 $35d$ 且≥500mm；焊接连接的连接点距离结构层顶面（基础顶面）或底面≥500mm。

3.2.2.2 墙身顶部钢筋构造

墙身顶部竖向分布钢筋构造，如图 3-18 所示。竖向分布筋伸至剪力墙顶部后弯折，弯折长度为 $12d$（$15d$），（括号内数值是考虑屋面板上部钢筋与剪力外侧竖向钢筋搭接传力时的做法）；当一侧剪力墙有楼板时，墙柱钢筋均向楼板内弯折，当剪力墙两侧均有楼板时，竖向钢筋可分别向两侧楼板内弯折。而当剪力墙竖向钢筋在边框梁中锚固时，构造特点为：直锚 l_{aE}。

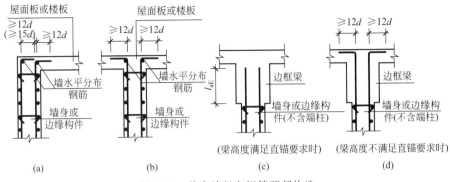

图 3-18　剪力墙竖向钢筋顶部构造

d—钢筋直径；l_{aE}—受拉钢筋抗震锚固长度

3.2.2.3　变截面竖向分布筋构造

当剪力墙在楼层上、下截面变化，变截面处的钢筋构造与框架柱相同。除端柱外，其他剪力墙柱变截面构造要求，如图 3-19 所示。

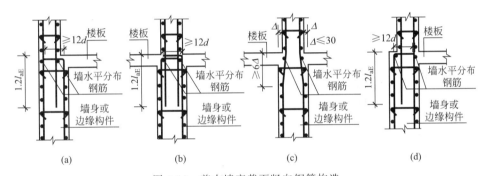

图 3-19　剪力墙变截面竖向钢筋构造

（a）边梁非贯通连接；（b）中梁非贯通连接；（c）中梁贯通连接；（d）边梁非贯通连接

d—钢筋直径；l_{aE}—受拉钢筋抗震锚固长度

变截面墙柱纵筋有两种构造形式：非贯通连接 ［图 3-19(a)、(b)、(d)］和斜锚贯通连接 ［图 3-19(c)］。

当采用纵筋非贯通连接时，下层墙柱纵筋伸至基础内变截面处向内弯折 $12d$，至对面竖向钢筋处截断，上层纵筋垂直锚入下柱 $1.2l_{aE}$。

当采用斜弯贯通锚固时，墙柱纵筋不切断，而是以 1/6 钢筋斜率的方式弯曲伸到上一楼层。

3.2.3　剪力墙边缘构件钢筋构造

3.2.3.1　剪力墙约束边缘构件

剪力墙约束边缘构件（以"Y"开头），包括约束边缘暗柱、约束边缘端柱、约束边缘翼墙、约束边缘转角墙四种，如图 3-20 所示。

图 3-20(a)～(d) 的左图——非阴影区设置拉筋：非阴影区的配筋特点为加密拉筋，普通墙身的拉筋是"隔一拉一"或"隔二拉一"，而这个非阴影区是每个竖向分布筋都设置拉筋。

图 3-20(a)～(d) 的右图——非阴影区设置封闭箍筋：当非阴影区设置外围封闭箍筋时，该封闭箍筋伸入阴影区内一倍纵向钢筋间距，并箍住该纵向钢筋。封闭箍筋内设置拉筋，拉筋应同时钩住竖向钢筋和外封闭箍筋。

非阴影区外围是否设置封闭箍筋或满足条件时，由剪力墙水平分布筋替代，具体方案由设计确定。

其中，从约束边缘端柱的构造图中可以看出：阴影部分（即配箍区域），不但包括矩形柱的部分，而且还伸出一段翼缘，这段翼缘长度为 300mm，但不能因此就判定约束边缘端柱的伸出翼缘一定为 300mm，只能说，当设计上没有定义约束边缘端柱的翼缘长度时，可以把端柱翼缘净长度定义为 300mm；而当设计上有明确的端柱翼缘长度标注时，就按设计要求来处理。

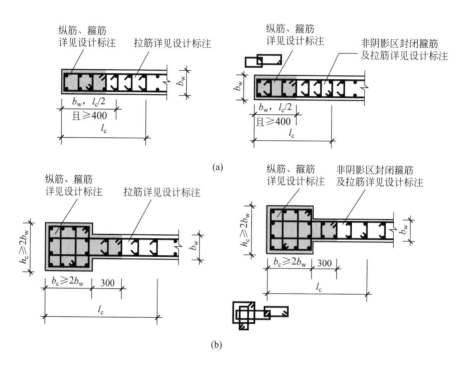

(a)

(b)

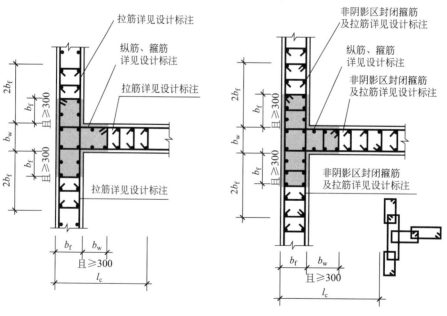

(c)

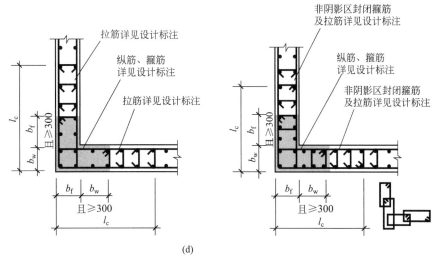

(d)

图 3-20　约束边缘构件

（a）约束边缘暗柱；（b）约束边缘端柱；（c）约束边缘翼墙；（d）约束边缘转角墙

b_w—墙肢截面宽度；l_c—约束边缘构件沿墙肢的长度；b_c—端柱宽度；

h_c—端柱高度；b_f—约束边缘翼墙截面宽度

3.2.3.2　剪力墙水平分布钢筋计入约束边缘构件体积配箍率的构造

剪力墙水平分布钢筋计入约束边缘构件体积配箍率的构造做法如图 3-21 所示。

约束边缘阴影区的构造特点为：水平分布筋和暗柱箍筋"分层间隔"布置，及一层水平分布筋、一层箍筋，再一层水平分布筋、一层箍筋……依次类推。计入的墙水平分布钢筋的体积配箍率不应大于总体积配箍率的 30%。

约束边缘非阴影区构造做法同上。

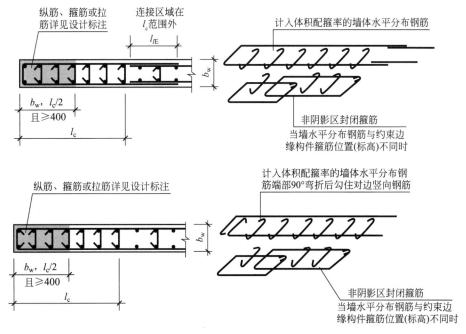

(a)

图 3-21

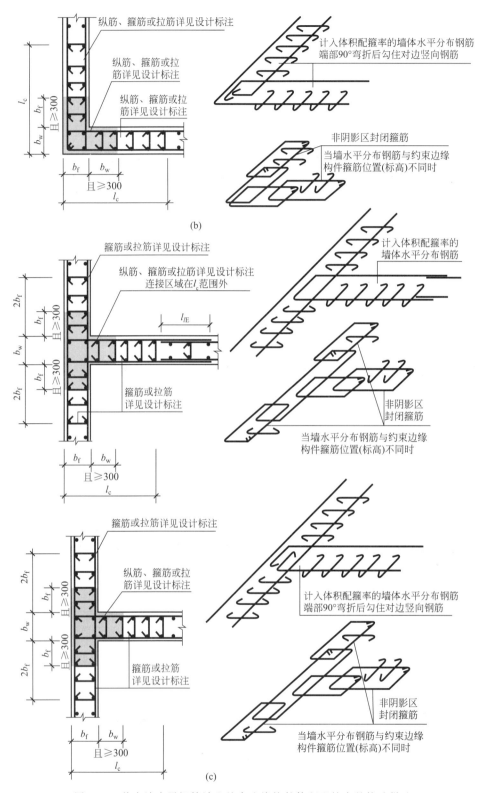

图 3-21　剪力墙水平钢筋计入约束边缘构件体积配箍率的构造做法

（a）约束边缘暗柱；（b）约束边缘转角墙；（c）约束边缘翼墙

b_w—墙肢截面宽度；l_c—约束边缘构件沿墙肢的长度；l_{lE}—纵向受拉钢筋抗震搭接长度；b_f—约束边缘翼墙截面宽度

3.2.3.3　剪力墙构造边缘构件

剪力墙构造边缘构件（以"G"开头）包括构造边缘暗柱、构造边缘端柱、构造边缘翼墙、构造边缘转角墙四种，如图 3-22 所示。

图 3-22(a)：构造边缘暗柱的长度≥墙厚且≥400mm。

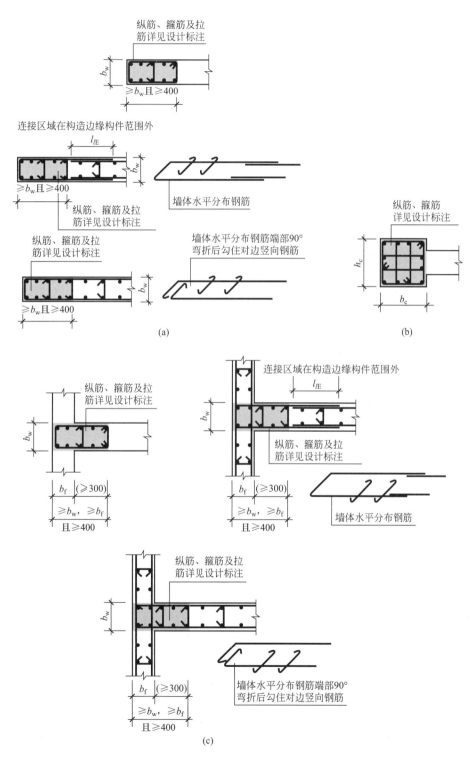

图 3-22

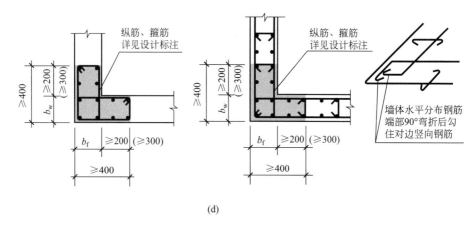

(d)

图 3-22　剪力墙构造边缘构件

（a）构造边缘暗柱；（b）构造边缘端柱；（c）构造边缘翼墙；（d）构造边缘转角墙

b_w—暗柱翼板墙厚度；l_{lE}—纵向受拉钢筋抗震搭接长度；b_c—端柱宽度；h_c—端柱高度；b_f—剪力墙厚度

图 3-22（b）：构造边缘端柱仅在矩形柱范围内布置纵筋和箍筋，其箍筋布置为复合箍筋。需要注意的是图中端柱断面图中未规定端柱伸出的翼缘长度，也没有在伸出的翼缘上布置箍筋，但不能因此断定构造边缘端柱就一定没有翼缘。

图 3-22（c）：构造边缘翼墙的长度≥墙厚≥邻边墙厚且≥400mm。

图 3-22（d）：构造边缘转角墙每边长度＝邻边墙厚＋200（或 300）≥400mm。

图 3-22 中括号内数字用于高层建筑。

3.2.3.4　剪力墙边缘构件纵向钢筋连接构造

剪力墙边缘构件纵向钢筋连接构造如图 3-23 所示。

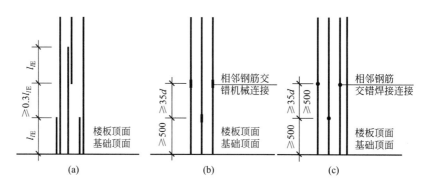

图 3-23　剪力墙边缘构件纵向钢筋连接构造

（a）绑扎搭接；（b）机械连接；（c）焊接连接

l_{lE}—纵向受拉钢筋抗震搭接长度；d—纵向受力钢筋的较大直径

图 3-23（a）：当采用绑扎搭接时，相邻钢筋交错搭接，搭接的长度≥l_{lE}，错开距离≥$0.3l_{lE}$。

图 3-23（b）：当采用机械连接时，纵筋机械连接接头错开 35d；机械连接的连接点距离结构层顶面（基础顶面）或底面≥500mm。

图 3-23（c）：当采用焊接连接时，纵筋焊接连接接头错开 35d 且≥500mm；焊接连接的连接点距离结构层顶面（基础顶面）或底面≥500mm。

3.2.4　剪力墙连梁、暗梁、边框梁钢筋构造

3.2.4.1　剪力墙连梁配筋构造

连梁 LL 配筋构造分为三种情况，如图 3-24 所示。

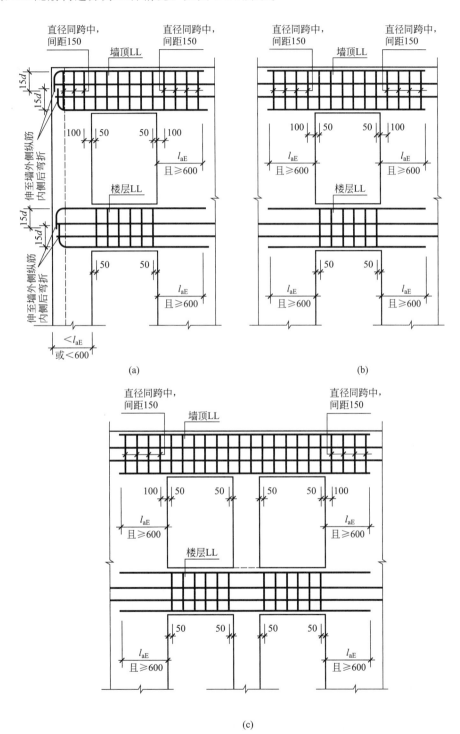

图 3-24　连梁 LL 配筋构造

（a）小墙垛处洞口连梁（端部墙肢较短）；（b）单洞口连梁（单跨）；（c）双洞口连梁（双跨）

d—钢筋直径；l_{aE}—受拉钢筋抗震锚固长度

（1）小墙垛处洞口连梁（端部墙肢较短）。当洞口两侧水平段长度不能满足连梁纵筋直锚长度≥max（l_{aE}，600mm）的要求时，可采用弯锚形式，连梁纵筋伸至墙外侧纵筋内侧弯锚，竖向弯折长度为 15d（d 为连梁纵筋直径）。

（2）单洞口连梁（单跨）。连梁纵筋在洞口两端支座的直锚长度为 l_{aE} 且≥600mm。

（3）双洞口连梁（双跨）。当两洞口的洞间墙长度不能满足两侧连梁纵筋直锚长度 min（l_{aE}，1200mm）的要求时，可采用双洞口连梁。其构造要求为：连梁上部、下部、侧面纵筋连续通过洞间墙，上下部纵筋锚入剪力墙内的长度要求为 max（l_{aE}，600mm）。

3.2.4.2　剪力墙连梁、暗梁、边框梁侧面纵筋和拉筋构造

剪力墙连梁 LL、暗梁 AL、边框梁 BKL 侧面纵筋和拉筋构造如图 3-25 所示。

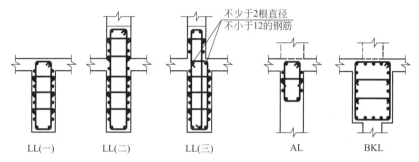

图 3-25　剪力墙连梁 LL、暗梁 AL、边框梁 BKL 侧面纵筋和拉筋构造

（1）剪力墙的竖向钢筋应连续穿越边框梁和暗梁。

（2）若墙梁纵筋不标注，则表示墙身水平分布筋可伸入墙梁侧面作为其侧面纵筋使用。

（3）当设计未注明连梁、暗梁和边框梁的拉筋时，应按下列规定取值：当梁宽≤350mm 时为 6mm，梁宽＞350mm 时为 8mm；拉筋间距为两倍箍筋间距，竖向沿侧面水平筋"隔一拉一"。

3.2.4.3　剪力墙边框梁或暗梁与连梁重叠钢筋构造

暗梁或边框梁和连梁重叠的特点一般是两个梁顶标高相同，而暗梁的截面高度小于连梁，所以连梁的下部纵筋在连梁内部穿过，因此，搭接时主要应关注暗梁或边框梁与连梁上部纵筋的处理方式。

顶层边框梁或暗梁与连梁重叠时配筋构造见图 3-26，楼层边框梁或暗梁与连梁重叠时配筋构造见图 3-27。

从 1—1 断面图可以看出重叠部分的梁上部纵筋：

① 第一排上部纵筋为 BKL 或 AL 的上部纵筋；

② 第二排上部纵筋为"连梁上部附加纵筋，当连梁上部纵筋计算面积大于边框梁或暗梁时需设置"；

③ 连梁上部附加纵筋、连梁下部纵筋的直锚长度为"l_{aE} 且≥600mm"。

以上是 BKL 或 AL 的纵筋与 LL 纵筋的构造。至于它们的箍筋：由于 LL 的截面宽度与 AL 相同（LL 的截面高度大于 AL），所以重叠部分的 LL 箍筋兼作 AL 箍筋。但是 BKL 就不同，BKL 的截面宽度大于 LL，所以 BKL 与 LL 的箍筋是各布各的，互不相干。

3.2.4.4　剪力墙连梁 LLk 纵向钢筋、箍筋加密区构造

剪力墙连梁 LLk 纵向配筋构造如图 3-28 所示，箍筋加密区构造如图 3-29 所示。

（1）箍筋加密范围。一级抗震等级：加密区长度为 max（$2h_b$，500mm）。二至四级抗震等级：加密区长度为 max（$1.5h_b$，500mm）。其中，h_b 为梁截面高度。

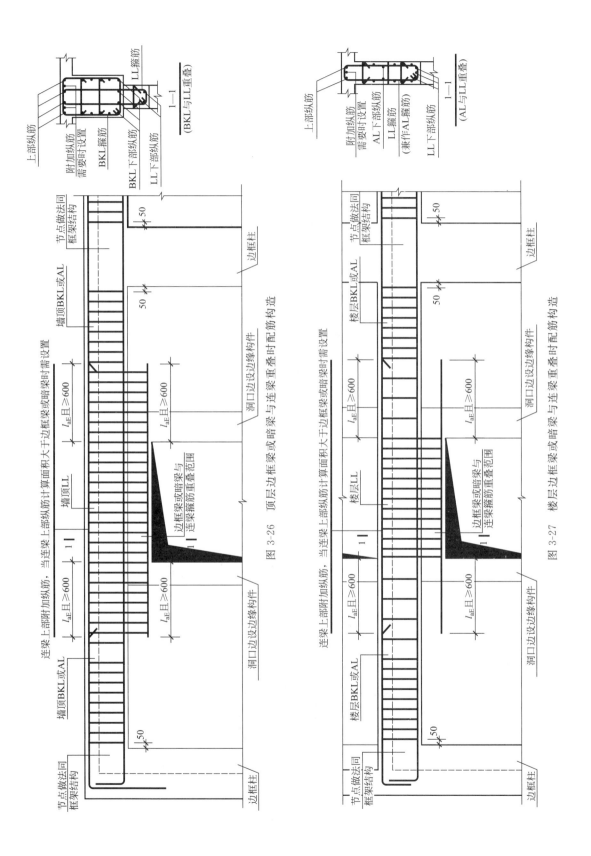

图 3-26 顶层边框梁或连梁与连梁重叠时配筋构造

图 3-27 楼层边框梁或连梁与连梁重叠时配筋构造

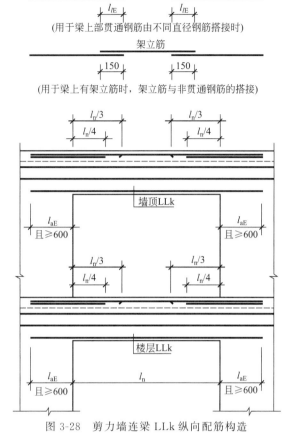

图 3-28 剪力墙连梁 LLk 纵向配筋构造

l_{lE}—纵向受拉钢筋抗震搭接长度，l_{aE}—受拉钢筋抗震锚固长度，l_n—净跨长度

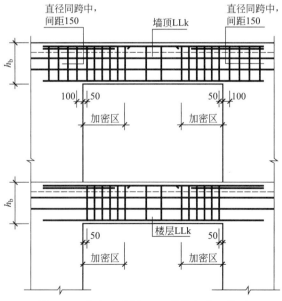

图 3-29 剪力墙连梁 LLk 箍筋加密区构造

h_b—梁截面高度

（2）梁上部通长钢筋与非贯通钢筋直径相同时，连接位置宜位于跨中 $l_n/3$ 范围内；梁下部钢筋连接位置宜位于支座 $l_n/3$ 范围内；且在同一连接区段内钢筋接头面积百分率不宜大于 50%。

（3）当梁纵筋（不包括架立筋）采用绑扎搭接接长时，搭接区内箍筋直径不小于 $d/4$（d 为搭接钢筋最大直径），间距不应大于 100mm 及 $5d$（d 为搭接钢筋最小直径）。

3.2.4.5　连梁交叉斜筋配筋构造

当洞口连梁截面宽度 ≥250mm 时，连梁中应根据具体条件设置斜向交叉斜筋配筋，如图 3-30 所示。斜向交叉钢筋锚入连梁支座内的锚固长度应 ≥max（l_{aE}，600mm）；交叉斜筋配筋连梁的对角斜筋在梁端部应设置拉筋，具体值见设计标注。

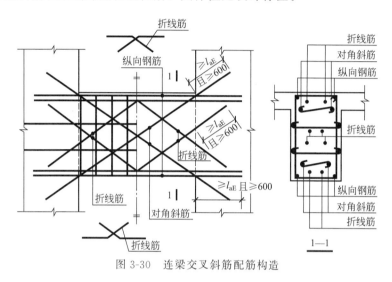

图 3-30　连梁交叉斜筋配筋构造

交叉斜筋配筋连梁的水平钢筋及箍筋形成的钢筋网之间应采用拉筋拉结，拉筋直径不宜小于 6mm，间距不宜大于 400mm。

3.2.4.6　连梁对角配筋构造

当连梁截面宽度 ≥400mm 时，连梁中应根据具体条件设置集中对角斜筋配筋或对角暗撑配筋，如图 3-31 所示。

集中对角斜筋配筋连梁构造如图 3-31(a) 所示，应在梁截面内沿水平方向及竖直方向设置双向拉筋，拉筋应勾住外侧纵向钢筋，间距不应大于 200mm，直径不应小于 8mm。集中

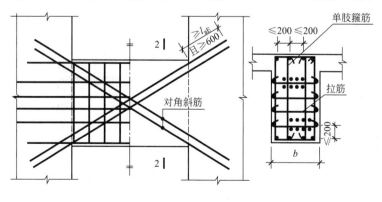

(a)

图 3-31

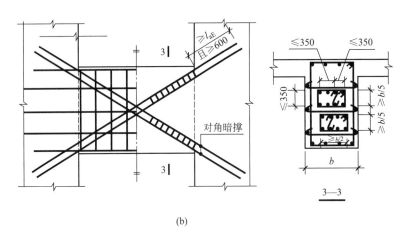

(b)

图 3-31　连梁对角配筋构造

（a）对角斜筋配筋；（b）对角暗撑配筋

l_{aE}—受拉钢筋抗震锚固长度，b—梁宽

对角斜筋锚入连梁支座内的锚固长度≥max（l_{aE}，600mm）。

对角暗撑配筋连梁构造如图 3-31(b) 所示，其箍筋的外边缘沿梁截面宽度方向不宜小于连梁截面宽度的 1/2，另一方向不宜小于 1/5；对角暗撑约束箍筋肢距不应大于 350mm。当为抗震设计时，暗撑箍筋在连梁支座位置 600mm 范围内进行箍筋加密；对角交叉暗撑纵筋锚入连梁支座内的锚固长度≥max（l_{aE}，600mm）。其水平钢筋及箍筋形成的钢筋网之间应采用拉筋拉结，拉筋直径不宜小于 6mm，间距不宜大于 400mm。

3.2.5　剪力墙洞口补强钢筋构造

3.2.5.1　剪力墙矩形洞口补强钢筋构造

剪力墙由于开矩形洞口，需补强钢筋，当设计注写补强纵筋具体数值时，按设计要求，当设计未注明时，依据洞口宽度和高度尺寸，按以下构造要求。

（1）剪力墙矩形洞口宽度和高度均不大于 800mm 时的洞口需补强钢筋，如图 3-32 所示。

洞口每侧补强钢筋按设计注写值。补强钢筋两端锚入墙内的长度为 l_{aE}，洞口被切断的钢筋设置弯钩，弯钩长度为过墙中线加 5d（即墙体两面的弯钩相互交错 10d），补强纵筋固定在弯钩内侧。

（2）剪力墙矩形洞口宽度和高度均大于 800mm 时的洞口需补强暗梁，如图 3-33 所示，配筋具体数值按设计要求。

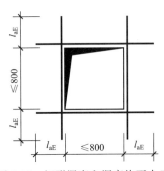

图 3-32　矩形洞宽和洞高均不大于
800mm 时洞口补强钢筋构造

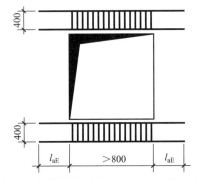

图 3-33　矩形洞宽和洞高均不大于 800mm 时洞口补强暗梁构造

l_{aE}—受拉钢筋抗震锚固长度

当洞口上边或下边为连梁时，不再重复补强暗梁，洞口竖向两侧设置剪力墙边缘构件。洞口被切断的剪力墙竖向分布钢筋设置弯钩，弯钩长度为 $15d$，在暗梁纵筋内侧锚入梁中。

3.2.5.2　剪力墙圆形洞口补强钢筋构造

（1）剪力墙圆形洞口直径不大于 300mm 时的洞口需补强钢筋。剪力墙水平分布筋与竖向分布筋遇洞口不截断，均绕洞口边缘通过；或按设计标注在洞口每侧补强纵筋，锚固长度为两边均不小于 l_{aE}，如图 3-34 所示。

（2）剪力墙圆形洞口直径大于 300mm 且小于等于 800mm 的洞口需补强钢筋。洞口每侧补强钢筋设计标注内容，锚固长度为均应 $\geqslant l_{aE}$，如图 3-35 所示。

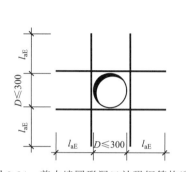

图 3-34　剪力墙圆形洞口补强钢筋构造

（圆形洞口直径不大于 300mm）

D—圆形洞口直径，l_{aE}—受拉钢筋抗震锚固长度

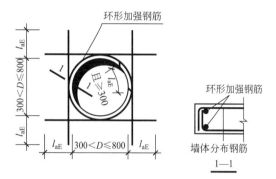

图 3-35　剪力墙圆形洞口补强钢筋构造

（圆形洞口直径大于 300mm 且小于等于 800mm）

D—圆形洞口直径，l_{aE}—受拉钢筋抗震锚固长度

（3）剪力墙圆形洞口直径大于 800mm 时的洞口需补强钢筋。当洞口上边或下边为剪力墙连梁时，不再重复设置补强暗梁。洞口每侧补强钢筋设计标注内容，锚固长度为均应 $\geqslant$ max（l_{aE}，300mm），如图 3-36 所示。

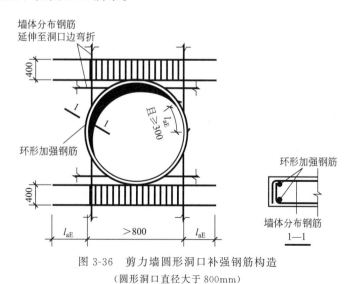

图 3-36　剪力墙圆形洞口补强钢筋构造

（圆形洞口直径大于 800mm）

l_{aE}—受拉钢筋抗震锚固长度

3.2.5.3　连梁中部洞口

连梁中部有洞口时，洞口边缘距离连梁边缘不小于 max（$h/3$，200mm）。洞口每侧补强纵筋与补强箍筋按设计标注，补强钢筋的锚固长度为不小于 l_{aE}，如图 3-37 所示。

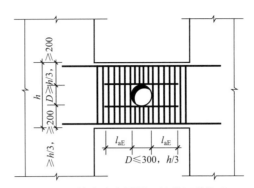

图 3-37　剪力墙连梁洞口补强钢筋构造

D—圆形洞口直径；l_{aE}—受拉钢筋抗震锚固长度；h—梁高

3.3　梁构件平法识图

3.3.1　楼层框架梁钢筋构造

3.3.1.1　楼层框架梁纵向钢筋构造

楼层框架梁 KL 纵向钢筋构造，可分为以下几种情况。

（1）端支座弯锚。楼层框架梁 KL 支座宽度不够直锚时，采用弯锚，其构造如图 3-38 所示。

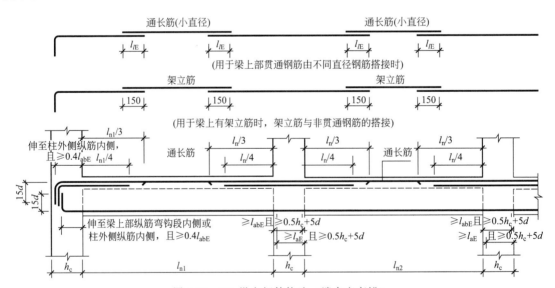

图 3-38　KL 纵向钢筋构造（端支座弯锚）

l_{lE}—纵向受拉钢筋抗震搭接长度；l_n—支座两边的净跨长度 l_{n1} 和 l_{n2} 的最大值；

l_{n1}、l_{n2}—边跨的净跨长度；l_{abE}—抗震设计时受拉钢筋基本锚固长度；d—钢筋直径；

l_{aE}—受拉钢筋抗震锚固长度；h_c—柱截面沿框架方向的高度

① 上部纵筋和下部纵筋都要伸至柱外侧纵筋内侧，弯折 $15d$，锚入柱内的水平段均应 ≥ $0.4l_{abE}$；当柱宽度较大时，上部纵筋和下部直径伸入柱内的直锚长度 ≥ l_{aE} 且 ≥ $0.5h_c + d$（h_c 为柱截面沿框架方向的高度，d 为钢筋直径）。

② 端支座负筋的延伸长度：第一排支座负筋从柱边开始延伸至 $l_{n1}/3$ 位置；第二排支座

负筋从柱边开始延伸至 $l_{n1}/4$ 位置（l_{n1} 为边跨的净跨长度）。

③ 中间支座负筋的延伸长度：第一排支座负筋从柱边开始延伸至 $l_n/3$ 位置；第二排支座负筋从柱边开始延伸至 $l_n/4$ 位置（l_n 为支座两边的净跨长度 l_{n1} 和 l_{n2} 的最大值）。

④ 当梁上部贯通钢筋由不同直径搭接时，通长筋与支座负筋的搭接长度为 l_{lE}。

⑤ 当梁上有架立筋时，架立筋与非贯通钢筋搭接，搭接长度为 150。

（2）端支座直锚。楼层框架梁中，当柱截面沿框架方向的高度，h_c 比较大，即 h_c 减柱保护层 c 大于等于纵向受力钢筋的最小锚固长度时，纵筋在端支座可以采用直锚形式。直锚长度取值应满足条件 $\max(l_{aE}, 0.5h_c+5d)$，如图 3-39 所示。

（3）端支座加锚头（锚板）锚固。楼层框架梁中，纵筋在端支座可以采用加锚头/锚板锚固形式。锚头/锚板伸至柱截面外侧纵筋的内侧，且锚入水平长度取值 $\geqslant 0.4l_{abE}$，如图 3-40 所示。

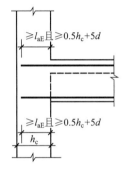

图 3-39 端支座直锚

d—钢筋直径；l_{aE}—受拉钢筋抗震锚固长度；h_c—柱截面沿框架方向的高度

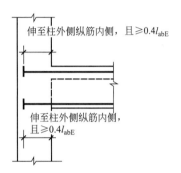

图 3-40 端支座加锚头（锚板）锚固

3.3.1.2 KL 中间支座纵向钢筋构造

楼层框架梁梁顶梁底均不平时，可分为以下两种情况。

（1）梁顶（梁底）高差较大。当 $\Delta h/(h_c-50)>1/6$ 时，高梁上部纵筋弯锚水平段长度 $\geqslant 0.4l_{abE}$，弯钩长度为 $15d$，低梁下部纵筋直锚长度为 $\geqslant l_{aE}$ 且 $\geqslant 0.5h_c+5d$。梁下部纵筋锚固构造同上部纵筋，如图 3-41 所示。

（2）梁顶（梁底）高差较小。当 $\Delta h/(h_c-50)\leqslant 1/6$ 时，梁上部（下部）纵筋可连续布置（弯曲通过中间节点），如图 3-42 所示。

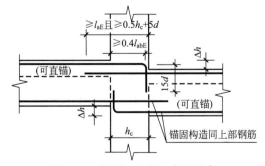

图 3-41 梁顶（梁底）高差较大

d—钢筋直径；l_{aE}—受拉钢筋抗震锚固长度；h_c—柱截面宽度；l_{abE}—抗震设计时受拉钢筋基本锚固长度；Δh—梁顶、梁底高差

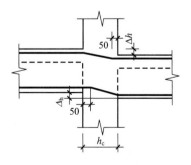

图 3-42 梁顶（梁底）高差较小

h_c—柱截面宽度；Δh—梁顶、梁底高差

楼层框架梁中间支座两边框架梁宽度不同或错开布置时，无法直通的纵筋弯锚入柱内；

或当支座两边纵筋根数不同时，可将多出的纵筋弯锚入柱内。锚固的构造要求：上部纵筋弯锚入柱内，弯折段长度为 $15d$，下部纵筋锚入柱内平直段长度 $\geqslant 0.4l_{abE}$，弯折长度为 $15d$，如图 3-43 所示。

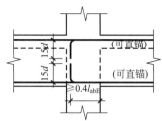

图 3-43　楼层框架梁支座两边梁宽不同

l_{abE}—抗震设计时受拉钢筋基本锚固长度；d—钢筋直径

3.3.1.3　梁箍筋构造

框架梁箍筋构造要求如图 3-44 和图 3-45 所示，主要有以下几点。

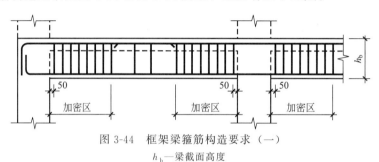

图 3-44　框架梁箍筋构造要求（一）

h_b—梁截面高度

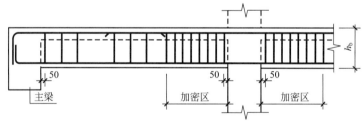

图 3-45　框架梁箍筋构造要求（二）

h_b—梁截面高度

（1）箍筋加密范围。梁支座负筋设箍筋加密区。

一级抗震等级：加密区长度为 $\max\,(2h_b，500mm)$。

二至四级抗震等级：加密区长度为 $\max\,(1.5h_b，500mm)$。其中，h_b 为梁截面高度。

（2）箍筋位置。框架梁第一道箍筋距离框架柱边缘为 50mm。注意在梁柱节点内，框架梁的箍筋不设。

（3）弧形梁沿梁中心线展开，箍筋间距沿凸面线量度。

（4）箍筋复合方式。多于两肢箍的复合箍筋应采用外封闭大箍套小箍的复合方式。

3.3.1.4　侧面纵向构造筋和拉筋

侧面纵向构造筋和拉筋构造如图 3-46 所示。

（1）当 $h_w \geqslant 450mm$ 时，在梁的两个侧面应沿高度配置纵向构造钢筋；纵向构造钢筋间距 $a \leqslant 200mm$。

（2）当梁侧面配置有直径不小于构造纵筋的受扭纵筋时，受扭钢筋可以代替构造钢筋。

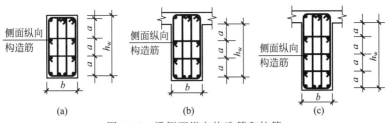

图 3-46　梁侧面纵向构造筋和拉筋

a—纵向构造钢筋间距；b—梁宽；h_w—梁腹板高度

（3）梁侧面构造纵筋的搭接与锚固长度可取 $15d$。梁侧面受扭纵筋的搭接长度为 l_{lE} 或 l_l，其锚固长度为 l_{aE} 或 l_a，锚固方式同框架梁下部纵筋。

（4）当梁宽≤350mm 时，拉筋直径为 6mm；梁宽＞350mm 时，拉筋直径为 8mm。拉筋间距为非加密区箍筋间距的 2 倍。当设有多排拉筋时，上下两排拉筋竖向错开设置。

拉筋构造见图 3-47。

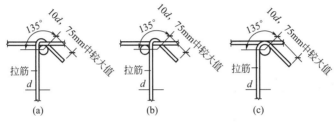

图 3-47　拉筋构造

（a）拉筋同时勾住纵筋和箍筋；（b）拉筋紧靠纵向钢筋并勾住箍筋；（c）拉筋紧靠箍筋并勾住纵筋

d—钢筋直径

拉筋弯钩角度为 135°，弯钩平直段长度为 $10d$ 和 75mm 中的最大值。

3.3.2　屋面框架梁纵向钢筋构造

3.3.2.1　屋面框架梁 WKL 纵向钢筋构造

屋面框架梁 WKL 纵向钢筋构造如图 3-48 所示。

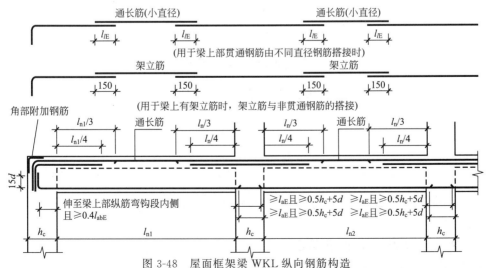

图 3-48　屋面框架梁 WKL 纵向钢筋构造

l_{lE}—纵向受拉钢筋抗震搭接长度；l_n—支座两边的净跨长度 l_{n1} 和 l_{n2} 的最大值；

l_{n1}、l_{n2}—边跨的净跨长度；l_{abE}—抗震设计时受拉钢筋基本锚固长度；

d—钢筋直径；l_{aE}—受拉钢筋抗震锚固长度；h_c—柱截面沿框架方向的高度

（1）梁上下部通长纵筋的构造。上部通长纵筋伸至尽端弯折伸至梁底，下部通长纵筋伸至梁上部纵筋弯钩段内侧，弯折$15d$，锚入柱内的水平段均应$\geqslant 0.4l_{abE}$；当柱宽度较大时，上部纵筋和下部纵筋在中间支座处伸入柱内的直锚长度$\geqslant l_{aE}$且$\geqslant 0.5h_c + d$（h_c为柱截面沿框架方向的高度，d为钢筋直径）。

（2）端支座负筋的延伸长度：第一排支座负筋从柱边开始延伸至$l_{n1}/3$位置；第二排支座负筋从柱边开始延伸至$l_{n1}/4$位置（l_{n1}为边跨的净跨长度）。

（3）中间支座负筋的延伸长度：第一排支座负筋从柱边开始延伸至$l_n/3$位置；第二排支座负筋从柱边开始延伸至$l_n/4$位置（l_n为支座两边的净跨长度l_{n1}和l_{n2}的最大值）。

（4）当梁上部贯通钢筋由不同直径搭接时，通长筋与支座负筋的搭接长度为l_{lE}。

（5）当梁上有架立筋时，架立筋与非贯通钢筋搭接，搭接长度为150mm。

3.3.2.2　屋面框架梁顶层端节点构造

（1）屋面框架梁中，当柱截面沿框架方向的高度，h_c比较大，即h_c减柱保护层c大于等于纵向受力钢筋的最小锚固长度时，下部纵筋在端支座可以采用直锚形式。直锚长度取值应满足条件$\max(l_{aE}, 0.5h_c + 5d)$，如图3-49所示。

（2）屋面框架梁中，下部纵筋在端支座可以采用加锚头/锚板锚固形式。锚头/锚板伸至柱截面外侧纵筋的内侧，且锚入水平长度取值$\geqslant 0.4l_{abE}$，如图3-50所示。

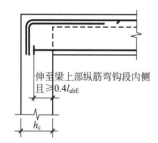

图3-49　纵筋在端支座直锚构造

l_{abE}—抗震设计时受拉钢筋基本锚固长度；
h_c—柱截面沿框架方向的高度

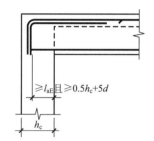

图3-50　纵筋在端支座加锚头/锚板构造

l_{aE}—受拉钢筋抗震锚固长度；h_c—柱截面沿框架方向的高度；d—钢筋直径

3.3.2.3　屋面框架梁WKL顶层中间节点构造

屋面框架梁WKL顶层中间节点构造如图3-51所示。

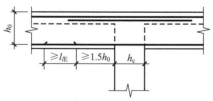

图3-51　顶层中间节点梁下部筋在节点外搭接构造

l_{lE}—纵向受拉钢筋抗震搭接长度；h_c—柱截面沿框架方向的高度；h_0—梁截面有效高度

梁下部钢筋不能在柱内锚固时，可在节点外搭接。相邻跨钢筋直径不同时，搭接位置位于较小直径一跨。

3.3.2.4　WKL中间支座纵向钢筋构造

屋面框架梁WKL中间支座纵向钢筋构造如图3-52所示。

如图3-52（a）所示，支座上部纵筋贯通布置，梁截面高度大的梁下部纵筋锚固同端支座锚固构造要求相同，梁截面小的梁下部纵筋锚固同中间支座锚固构造要求相同。

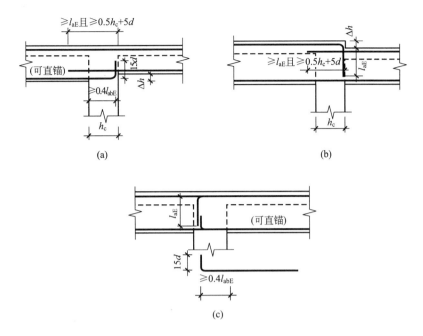

图 3-52 WKL 中间支座纵向钢筋构造

（a）梁顶一平；（b）梁底一平；（c）支座两边梁宽不同

l_{aE}—受拉钢筋抗震锚固长度；h_c—柱截面沿框架方向的高度；d—钢筋直径；

l_{abE}—抗震设计时受拉钢筋基本锚固长度；Δh—梁顶、梁底高差

如图 3-52（b）所示，弯折后的竖直段长度 l_{aE} 是从截面高度小的梁顶面算起；梁截面高度小的支座上部纵筋锚固要求为伸入支座锚固长度为 l_{aE} 且 $\geqslant 0.5 h_c + 5d$；下部纵筋的锚固措施同梁高度不变时相同。

如图 3-52（c）所示，屋面框架梁中间支座两边框架梁宽度不同或错开布置时，无法直通的纵筋弯锚入柱内；或当支座两边纵筋根数不同时，可将多出的纵筋弯锚入柱内。锚固的构造要求：上部纵筋弯锚入柱内，弯折段长度为 l_{aE}，下部纵筋锚入柱内平直段长度 $\geqslant 0.4 l_{abE}$，弯折长度为 $15d$。

3.3.3 框架梁、非框架梁钢筋构造

3.3.3.1 框架梁水平加腋构造

框架梁水平加腋构造见图 3-53。

图 3-53 中，当梁结构平法施工图中水平加腋部位的配筋设计未给出时，其梁腋上下部斜纵筋（仅设置第一排）直径分别同梁内上下纵筋，水平间距不宜大于 200mm；水平加腋部位侧面纵向构造钢筋的设置及构造要求同抗震楼层框架梁的要求。

图 3-53 中 c_3 按下列规定取值：抗震等级为一级，$\geqslant 2.0 h_b$ 且 $\geqslant 500$mm；抗震等级为二至四级，$\geqslant 1.5 h_b$ 且 $\geqslant 500$mm。

3.3.3.2 框架梁竖向加腋构造

框架梁竖向加腋构造见图 3-54。框架梁竖向加腋构造适用于加腋部分，参与框架梁计算，配筋由设计标注。图 3-54 中 c_3 的取值同水平加腋构造。

3.3.3.3 非框架梁 L 配筋构造

非框架梁 L 配筋构造见图 3-55。

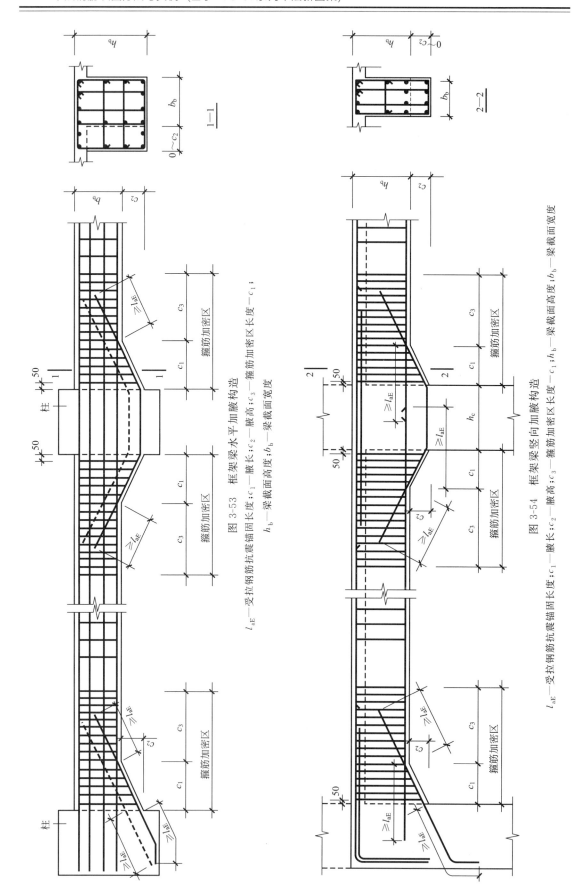

图 3-53 框架梁水平加腋构造

l_{aE}—受拉钢筋抗震锚固长度；c_1—腋长；c_2—腋高；c_3—箍筋加密区长度；
h_b—梁截面高度；b_b—梁截面宽度

图 3-54 框架梁竖向加腋构造

l_{aE}—受拉钢筋抗震锚固长度；c_1—腋长；c_2—腋高；c_3—箍筋加密区长度；h_b—梁截面高度；b_b—梁截面宽度

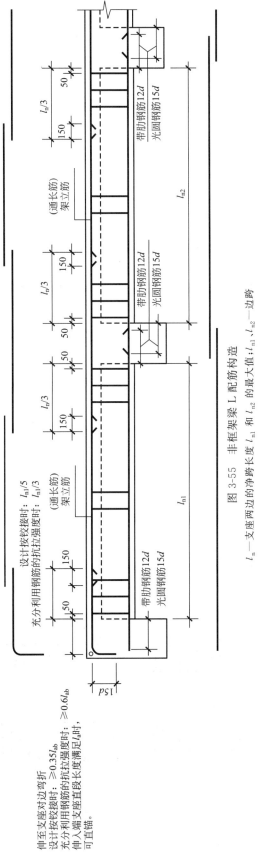

图 3-55　非框架梁 L 配筋构造

l_n—支座两边的净跨长度 l_{n1} 和 l_{n2} 的最大值；l_{n1}、l_{n2}—边跨的净跨长度；l_a—受拉钢筋锚固长度；l_{ab}—受拉钢筋基本锚固长度

（1）非框架梁上部纵筋的延伸长度。

① 非框架梁端支座上部纵筋的延伸长度。设计按铰接时，取 $l_{n1}/5$；充分利用钢筋的抗拉强度时，取 $l_{n1}/3$。其中，"设计按铰接时"用于代号为"L"的非框架梁，"充分利用钢筋的抗拉强度时"用于代号为"Lg"的非框架梁。

② 非框架梁中间支座上部纵筋延伸长度。非框架梁中间支座上部纵筋延伸长度取 $l_n/3$（l_n 为相邻左右两跨中跨度较大一跨的净跨值）。

（2）非框架梁纵向钢筋的锚固。

① 非框架梁上部纵筋在端支座的锚固。非框架梁端支座上部纵筋弯锚，弯折段竖向长度为 $15d$，而弯锚水平段长度为：伸至支座对边弯折，设计按铰接时，取 $\geq 0.35l_{ab}$，充分利用钢筋的抗拉强度时，取 $\geq 0.6l_{ab}$；伸入端支座直段长度满足 l_a 时，可直锚，如图 3-56 所示。

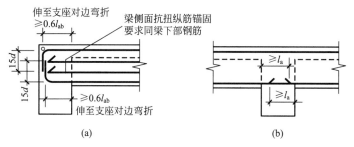

图 3-56　受扭非框架梁纵筋构造

（a）端支座；（b）中间支座

l_a—受拉钢筋锚固长度；l_{ab}—受拉钢筋基本锚固长度；d—钢筋直径

② 下部纵筋在端支座的锚固。当梁中纵筋采用带肋钢筋时，梁下部钢筋的直锚长度为 $12d$；当梁中纵筋采用光圆钢筋时，梁下部钢筋的直锚长度为 $15d$；当下部纵筋伸入边支座长度不满足直锚 $12d$（$15d$）时，如图 3-57 所示。

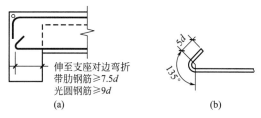

图 3-57　端支座非框架梁下部纵筋弯锚构造

（a）下部纵筋在端支座的锚固；（b）下部纵筋弯锚尺寸

d—钢筋直径

（3）非框架梁纵向钢筋的连接。图 3-58 为梁端与柱斜交或与圆柱相交时的箍筋起始位置。从图 3-58 中可以看出，非框架梁的架立筋搭接长度为 150mm。

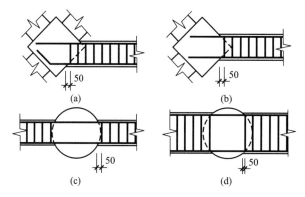

图 3-58　梁端与柱斜交或与圆柱相交时的箍筋起始位置

（a）梁端与柱斜交时的箍筋起始位置（一）；（b）梁端与柱斜交时的箍筋起始位置（二）；（c）是梁端与圆柱相交时的箍筋起始位置（一）；（d）是梁端与圆柱相交时的箍筋起始位置（二）

（4）非框架梁的箍筋。非框架梁箍筋构造要点主要包括以下几点。

① 没有作为抗震构造要求的箍筋加密区。

② 第一个箍筋在距支座边缘 50mm 处开始设置。

③ 弧形非框架梁的箍筋间距沿凸面线度量。

④ 当箍筋为多肢复合箍时，应采用大箍套小箍的形式。

当端支座为柱、剪力墙（平面内连接时），梁端部应设置箍筋加密区，设计应确定加密区长度。设计未确定时取消该工程框架梁加密区长度。梁端与柱斜交，或与圆柱相交时的箍筋起始位置，见图 3-58。

（5）非框架梁中间支座变截面处纵向钢筋构造。

① 梁顶梁底均不平。高梁上部纵筋弯锚，弯折段长度为 l_a，弯钩段长度从低梁顶部算起，低梁下部纵筋直锚长度为 l_a。梁下部纵筋锚固构造同上部纵筋，如图 3-59 所示。

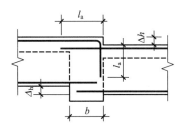

图 3-59　梁顶梁底均不平

l_a—受拉钢筋锚固长度；b—梁截面宽度；Δh—梁顶、梁底高差

② 支座两边梁宽不同。非框架梁中间支座两边框架梁宽度不同或错开布置时，无法直通的纵筋弯锚入柱内；或当支座两边纵筋根数不同时，可将多出的纵筋弯锚入柱内。锚固的构造要求：上部纵筋弯锚入柱内，弯折竖向长度为 $15d$，弯折水平段长度 $\geqslant 0.6l_{ab}$，如图 3-60 所示。

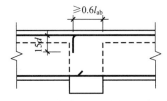

图 3-60　非框架梁梁宽度不同示意

d—钢筋直径；l_{ab}—受拉钢筋基本锚固长度

3.3.4　悬挑梁的构造

3.3.4.1　纯悬挑梁钢筋构造要求

纯悬挑梁钢筋构造如图 3-61 所示。

其构造要求如下。

（1）上部纵筋构造。

① 第一排上部纵筋，"至少 2 根角筋，并不少于第一排纵筋的 1/2" 的上部纵筋一直伸到悬挑梁端部，再拐直角弯直伸到梁底，"其余纵筋弯下"（即钢筋在端部附近下完 90°斜坡）。当上部钢筋为一排，且 $l<4h_b$ 时，上部钢筋可不在端部弯下，伸至悬挑梁外端，向下弯折 $12d$。

② 第二排上部纵筋伸至悬挑端长度的 0.75 处，弯折到梁下部，再向梁尽端弯折 $\geqslant 10d$。

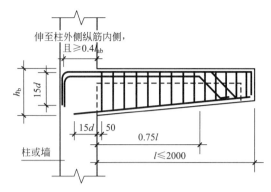

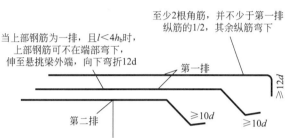

图 3-61　纯悬挑梁钢筋构造

d—钢筋直径；l_{ab}—受拉钢筋基本锚固长度；l—挑出长度；h_b—梁根部截面高度

当上部钢筋为两排，且 $l<5h_b$ 时，可不将钢筋在端部弯下，伸至悬挑梁外端向下弯折 $12d$。

（2）下纵筋构造。下部纵筋在制作中的锚固长度为 $15d$。当悬挑梁根部与框架梁梁底齐平时，底部相同直径的纵筋可拉通设置。

3.3.4.2　其他各类悬挑端配筋构造

（1）楼层框架梁悬挑端构造如图 3-62 所示。

楼层框架梁悬挑端共给出了五种构造做法。

节点①：悬挑端有框架梁平伸出，上部第二排纵筋在伸出 $0.75l$ 后，弯折到梁下部，再向梁尽端弯出 $\geqslant 10d$。下部纵筋直锚长度 $15d$。

节点②：当悬挑端比框架梁低 $\Delta_h[\Delta_h/(h_c-50)>1/6]$ 时，仅用于中间层；框架梁弯锚水平段长度 $\geqslant 0.4l_{ab}(0.4l_{abE})$，弯钩 $15d$；悬挑端上部纵筋直锚长度 $\geqslant l_a$ 且 $\geqslant 0.5h_c+5d$。

节点③：当悬挑端比框架梁低 $\Delta_h[\Delta_h/(h_c-50)\leqslant 1/6]$ 时，上部纵筋连续布置，用于中间层，当支座为梁时也可用于屋面。

节点④：当悬挑端比框架梁低 $\Delta_h[\Delta_h/(h_c-50)>1/6]$ 时，仅用于中间层；悬挑端上部纵筋弯锚，弯锚水平段伸至对边纵筋内侧，且 $\geqslant 0.4l_{ab}$，弯钩 $15d$；框架梁上部纵筋直锚长度 $\geqslant l_a$ 且 $\geqslant 0.5h_c+5d$（l_{aE} 且 $\geqslant 0.5h_c+5d$）。

节点⑤：当悬挑端比框架梁高 $\Delta_h[\Delta_h/(h_c-50)\leqslant 1/6]$ 时，上部纵筋连续布置，用于中间层，当支座为梁时也可用于屋面。

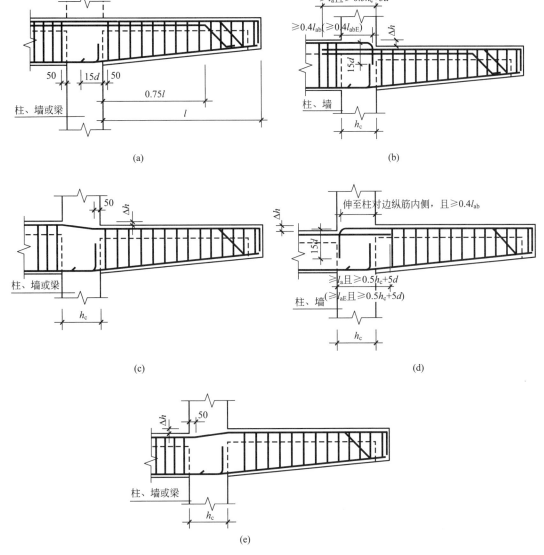

图 3-62　楼层框架梁悬挑端构造

（a）节点①；（b）节点②；（c）节点③；（d）节点④；（e）节点⑤

d—钢筋直径；l_a—受拉钢筋锚固长度；l_{ab}—受拉钢筋基本锚固长度；l_{abE}—抗震设计

时受拉钢筋基本锚固长度；l—挑出长度；h_b—梁根部截面高度；

h_c—柱截面宽度；Δh—梁顶、梁底高差

（2）屋面框架梁悬挑端构造如图 3-63 所示。

屋面框架梁悬挑端共给出了两种构造做法。

节点⑥：当悬挑端比框架梁低 $\Delta_h(\Delta_h \leqslant h_b/3)$ 时，框架梁上部纵筋弯锚，直钩长度 $\geqslant l_a$（l_{aE}）且伸至梁底，悬挑端上部纵筋直锚长度 $\geqslant l_a$ 且 $\geqslant 0.5h_c+5d$，可用于屋面，当支座为梁时，也可用于中间层。

节点⑦：当悬挑端比框架梁高 $\Delta_h(\Delta_h \leqslant h_b/3)$ 时，框架梁上部纵筋直锚长度 $\geqslant l_a$（l_{aE} 且支座为柱时伸至柱对边），悬挑端上部纵筋弯锚，弯锚水平段长度 $\geqslant 0.6l_{ab}$，直钩长度 $\geqslant l_a$ 且伸至梁底，可用于屋面，当支座为梁时，也可用于中间层。

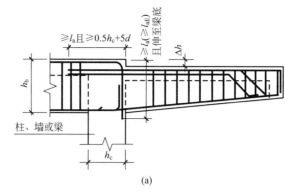

(a)

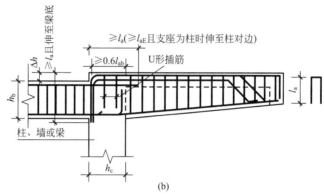

(b)

图 3-63　屋面框架梁悬挑端构造
（a）节点⑥；（b）节点⑦

d—钢筋直径；l_a—受拉钢筋锚固长度；l_{ab}—受拉钢筋基本锚固长度；l_{aE}—受拉钢筋抗震锚固长度；h_b—梁根部截面高度；h_c—柱截面宽度；Δh—梁顶、梁底高差

3.3.5　框支梁、转换柱钢筋构造

3.3.5.1　框支梁的配筋构造

框支梁的配筋构造如图 3-64 所示。

（1）框支梁第一排上部纵筋为通长筋。第二排上部纵筋在端支座附近断在 $l_{n1}/3$ 处，在中间支座附近断在 $l_n/3$ 处（l_{n1} 为本跨的跨度值；l_n 为相邻两跨的较大跨度值）。

（2）框支梁上部纵筋伸入支座对边后向下弯锚，通过梁底线后再下插 l_{aE}，其直锚水平段 $\geqslant 0.4 l_{abE}$。

（3）框支梁侧面纵筋是全梁贯通，在梁端部直锚长度 $\geqslant 0.4 l_{abE}$，弯折长度 $15d$。

（4）框支梁下部纵筋在梁端部直锚长度 $\geqslant 0.4 l_{abE}$，且向上弯折 $15d$。

（5）当框支梁的下部纵筋和侧面纵筋直锚长度 $\geqslant l_{aE}$ 时，可不必向上或水平弯锚。

（6）框支梁箍筋加密区长度为 $\geqslant 0.2 l_{n1}$ 且 $\geqslant 1.5 h_b$（h_b 为梁截面的高度）。

（7）框支梁拉筋直径不宜小于箍筋，水平间距为非加密区箍筋间距的 2 倍，竖向沿梁高间距 $\leqslant 200$，上下相邻两排拉筋错开设置。

（8）梁纵向钢筋的连接宜采用机械连接接头。

（9）框支梁上部墙体开洞部位加强做法如图 3-65 所示。

（10）托柱转换梁托柱位置箍筋加密构造如图 3-66 所示。

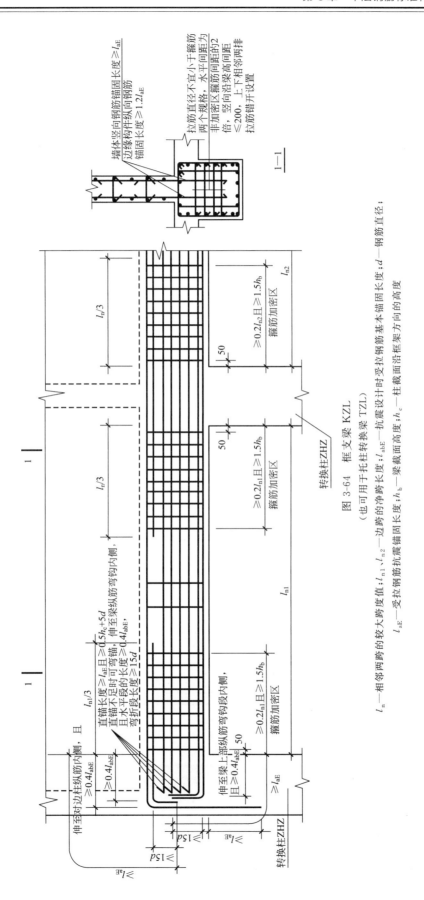

图 3-64 框支梁 KZL

（也可用于托柱转换梁 TZL）

l_n—相邻两跨的较大跨度值；l_{n1}、l_{n2}—边跨的净跨长度；l_{abE}—抗震设计时受拉钢筋基本锚固长度；d—钢筋直径；

l_{aE}—受拉钢筋抗震锚固长度；h_b—梁截面高度；h_c—柱截面沿框架方向的高度

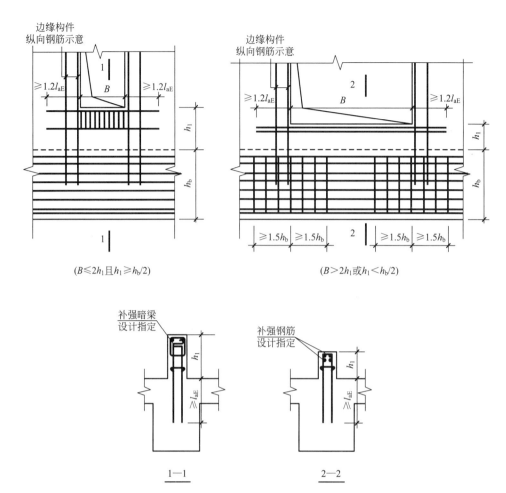

$(B{\leqslant}2h_1且h_1{\geqslant}h_b/2)$　　　　　$(B{>}2h_1或h_1{<}h_b/2)$

图 3-65　框支梁 KZL 上部墙体开洞部位加强做法

l_{aE}—受拉钢筋抗震锚固长度；B—洞口宽度；h_b—框支梁高度；h_1—框支梁到洞口下边距离

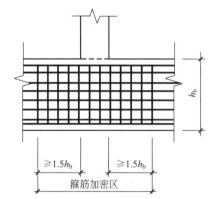

图 3-66　托柱转换梁 TZL 托柱位置箍筋加密构造

h_b—托柱转换梁高度

3.3.5.2　转换柱的配筋构造

转换柱的配筋构造如图 3-67 所示。

（1）转换柱的柱底纵筋的连接构造同抗震框架柱。

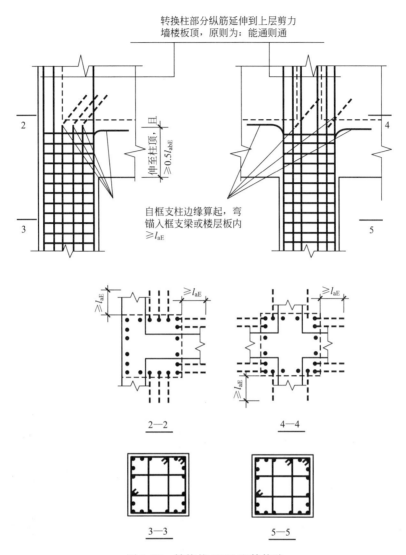

图 3-67　转换柱 ZHZ 配筋构造

l_{aE}—受拉钢筋抗震锚固长度；l_{abE}—抗震设计时受拉钢筋基本锚固长度

（2）柱纵筋的连接宜采用机械连接接头。

（3）转换柱部分纵筋延伸到上层剪力墙楼板顶，原则为：能通则通。

（4）转换柱纵筋中心距不应小于 80mm，且净距不应小于 50mm。

3.3.6　井字梁配筋构造

井字梁配筋构造如图 3-68 所示。

（1）上部纵筋锚入端支座的水平段长度：当设计按铰接时，长度 $\geqslant 0.35 l_{ab}$；当充分利用钢筋的抗拉强度时，长度 $\geqslant 0.6 l_{ab}$，弯锚 $15d$。

（2）架立筋与支座负筋的搭接长度为 150mm。

（3）下部纵筋在端支座直锚 $12d$，在中间支座直锚 $12d$。

（4）从距支座边缘 50mm 处开始布置第一个箍筋。

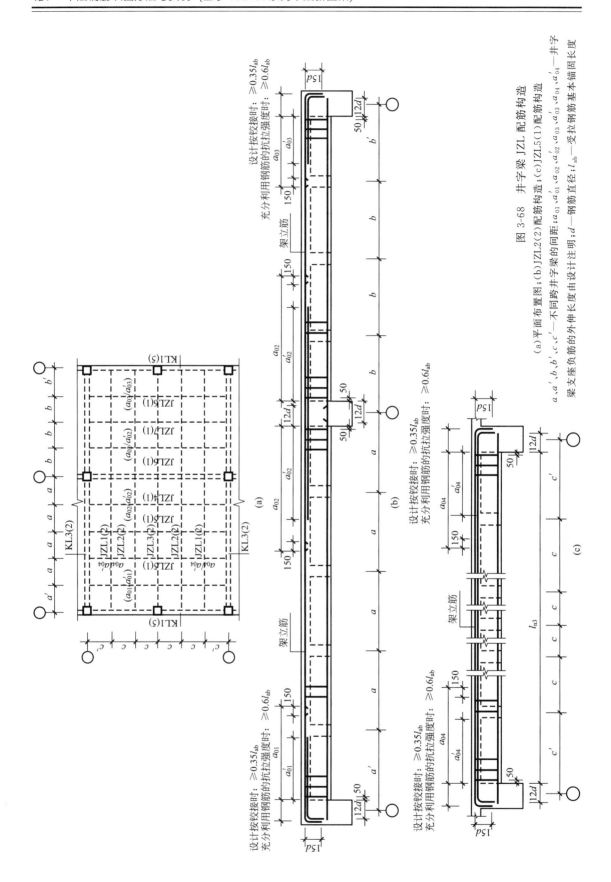

图 3-68　井字梁 JZL 配筋构造

（a）平面布置图；（b）JZL2(2) 配筋构造；（c）JZL5(1) 配筋构造；a_{01}、a_{01}'、a_{02}、a_{02}'、a_{03}、a_{03}'、a_{04}、a_{04}'——井字梁支座负筋的外伸长度由设计注明；d——钢筋直径；l_{ab}——受拉钢筋基本锚固长度

3.4 板构件平法识图

3.4.1 有梁楼盖楼(屋)面板钢筋构造

3.4.1.1 有梁楼盖楼面板 LB 和屋面板 WB 钢筋构造

有梁楼盖楼面板 LB 和屋面板 WB 钢筋构造如图 3-69 所示。

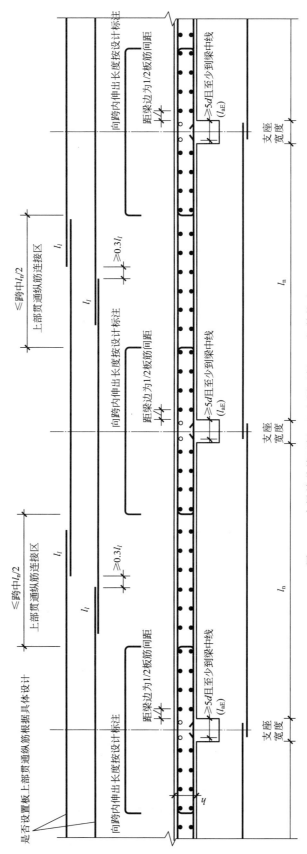

图 3-69 有梁楼盖楼面板 LB 和屋面板 WB 钢筋构造
(括号内的锚固长度 l_{aE} 用于梁板式转换层的板)

l_n—跨度值；l_l—纵向受拉钢筋搭接长度；d—钢筋直径；l_{aE}—受拉钢筋抗震锚固长度；h—板的厚度

（1）上部纵筋。

① 上部非贯通纵筋向跨内伸出长度详见设计标注。

② 与支座垂直的贯通纵筋贯通跨越中间支座，上部贯通纵筋连接区在跨中 1/2 跨度范围之内；相邻等跨或不等跨的上部贯通纵筋配置不同时，应将配置较大者越过其标注的跨数终点或起点延伸至相邻跨的跨中连接区域连接。

与支座同向的贯通纵筋的第一根钢筋在距梁角筋为 1/2 板筋间距处开始设置。

（2）下部纵筋。

① 与支座垂直的贯通纵筋伸入支座 $5d$ 且至少到梁中线。

② 与支座同向的贯通纵筋第一根钢筋在距梁角筋 1/2 板筋间距处开始设置。

3.4.1.2　板在端部支座的钢筋构造

板在端部支座的锚固构造如图 3-70 所示。

（1）端部支座为梁。

① 普通楼屋面板端部构造。

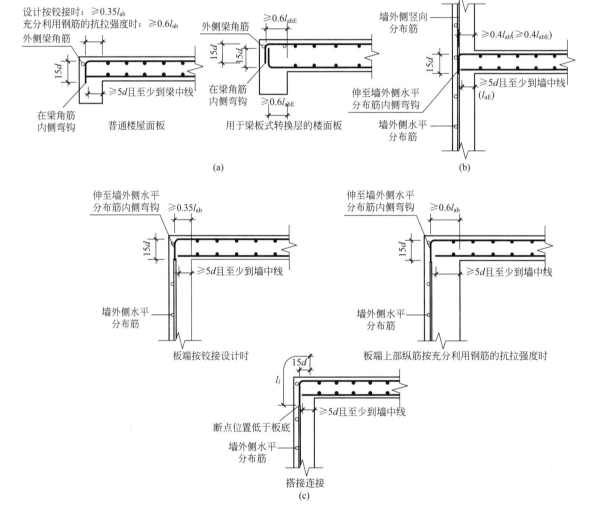

图 3-70　板在端部支座的锚固构造

（a）端部支座为梁；（b）端部支座为剪力墙中间层；（c）端部支座为剪力墙顶

l_{ab}—受拉钢筋基本锚固长度；l_{aE}—受拉钢筋抗震锚固长度；l_{abE}—抗震设计时受拉

钢筋基本锚固长度；d—钢筋直径；l_l—纵向受拉钢筋搭接长度

a. 板上部贯通纵筋伸至梁外侧角筋的内侧弯钩，弯折长度为 $15d$。当设计按铰接时，弯折水平段长度 $\geqslant 0.35l_{ab}$；当充分利用钢筋的抗拉强度时，弯折水平段长度 $\geqslant 0.6l_{ab}$。

b. 板下部贯通纵筋在端部制作的直锚长度 $\geqslant 5d$ 且至少到梁中线。

② 用于梁板式转换层的楼面板端部构造。

a. 板上部贯通纵筋伸至梁外侧角筋的内侧弯钩，弯折长度为 $15d$，弯折水平段长度 $\geqslant 0.6l_{abE}$。

b. 梁板式转换层的板，下部贯通纵筋在端部支座的直锚长度 $\geqslant 0.6l_{abE}$。

（2）端部支座为剪力墙中间层。

① 板上部贯通纵筋伸至墙身外侧水平分布筋的内侧弯钩，弯折长度为 $15d$。弯折水平段长度 $\geqslant 0.4l_{ab}$（$\geqslant 0.4l_{abE}$）。

② 板下部贯通纵筋在端部支座的直锚长度 $\geqslant 5d$ 且至少到墙中线；梁板式转换层的板，下部贯通纵筋在端部支座的直锚长度为 l_{aE}。

③ 图 3-70 中括号内的数值用于梁板式转换层的板，当板下部纵筋直锚长度不足时，可弯锚，见图 3-71。

（3）端部支座为剪力墙顶。

① 板端按铰接设计时，板上部贯通纵筋伸至墙身外侧水平分布筋的内侧弯钩，弯折长度为 $15d$。弯折水平段长度 $\geqslant 0.35l_{ab}$；板下部贯通纵筋在端部支座的直锚长度 $\geqslant 5d$ 且至少到墙中线。

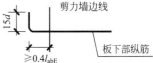

图 3-71　板下部纵筋弯锚
d—钢筋直径；l_{abE}—抗震设计时受拉钢筋基本锚固长度

② 板端上部纵筋按充分利用钢筋的抗拉强度时，板上部贯通纵筋伸至墙身外侧水平分布筋的内侧弯钩，弯折长度为 $15d$。弯折水平段长度 $\geqslant 0.6l_{ab}$；板下部贯通纵筋在端部支座的直锚长度 $\geqslant 5d$ 且至少到墙中线。

③ 搭接连接时，板上部贯通纵筋伸至墙身外侧水平分布筋的内侧弯钩，在断点位置低于板底，搭接长度为 l_l，弯折水平段长度为 $15d$；板下部贯通纵筋在端部支座的直锚长度 $\geqslant 5d$ 且至少到墙中线。

3.4.2　单（双）向板配筋构造

单（双）向板配筋构造如图 3-72 所示。

（1）在搭接范围内，相互搭接的纵筋与横向钢筋的每个交叉点均应进行绑扎。

（2）抗裂构造钢筋自身及其与受力主筋搭接长度为 150mm，抗温度筋自身及其与受力主筋搭接长度为 l_l。

（3）板上下贯通筋可兼作抗裂构造筋和抗温度筋。当下部贯通筋兼作抗温度筋时，其在支座的锚固由设计者确定。

（4）分布钢筋自身及其与受力主筋、构造钢筋的搭接长度为 150mm；当分布筋兼作抗温度筋时，其自身及与受力主筋、构造钢筋的搭接长度为 l_l；其在支座的锚固按受拉要求考虑。

3.4.3　悬挑板的钢筋构造

（1）跨内外板面同高的延伸悬挑板如图 3-73 所示。

由于悬臂支座处的负弯矩对内跨中有影响，会在内跨跨中出现负弯矩，因此：

① 上部钢筋可与内跨板负筋贯通设置，或伸入支座内锚固 l_a；

② 悬挑较大时，下部配置构造钢筋并铺入支座内 $\geqslant 12d$，并至少伸至支座中心线处；

③ 括号内数值用于需考虑竖向地震作用时，由设计明确。

（2）跨内外板面不同高的延伸悬挑板如图 3-74 所示。

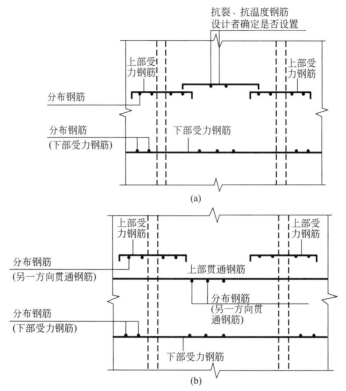

图 3-72   单（双）向板配筋示意

（a）分离式配筋；（b）部分贯通式配筋

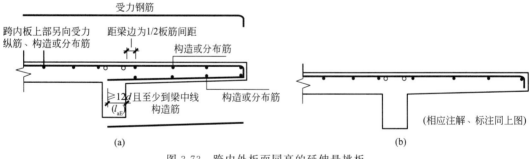

图 3-73   跨内外板面同高的延伸悬挑板

（a）上、下部均配筋；（b）仅上部配筋

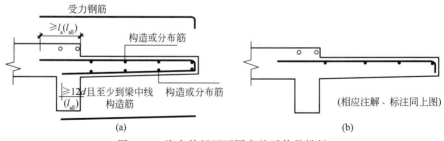

图 3-74   跨内外板面不同高的延伸悬挑板

（a）上、下部均配筋；（b）仅上部配筋

l_a—受拉钢筋锚固长度；l_{aE}—受拉钢筋抗震锚固长度；d—钢筋直径

① 悬挑板上部钢筋锚入内跨板内直锚 l_a，与内跨板负筋分离配置。

② 不得弯折连续配置上部受力钢筋。

③ 悬挑较大时，下部配置构造钢筋并锚入支座内 $\geqslant 12d$，并至少伸至支座中心线处。

④ 内跨板的上部受力钢筋的长度，根据板上的均布活荷载设计值与均布恒荷载设计值的比值确定。

⑤ 括号内数值用于需考虑竖向地震作用时，由设计明确。

（3）纯悬挑板如图 3-75 所示。

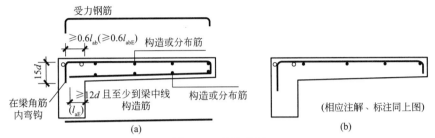

图 3-75　纯悬挑板
(a) 上、下部均配筋；(b) 仅上部配筋
l_{ab}—受拉钢筋基本锚固长度；l_{aE}—受拉钢筋抗震锚固长度；l_{abE}—抗震设计时受拉钢筋基本锚固长度；d—钢筋直径

① 悬挑板上部是受力钢筋，受力钢筋在支座的锚固宜采用 90°弯折锚固，伸至梁远端纵筋内侧下弯。

② 悬挑较大时，下部配置构造钢筋并锚入支座内 $\geqslant 12d$，并至少伸至支座中心线处。

③ 注意支座梁的抗扭钢筋的配置：支撑悬挑板的梁，钢筋受到扭矩作用，扭力在最外侧两端最大，梁中纵向钢筋在支座内的锚固长度按受力钢筋进行锚固。

④ 括号内数值用于需考虑竖向地震作用时，由设计明确。

（4）现浇挑檐、现浇雨篷等伸缩缝间距不宜大于 12m。

对现浇挑檐、现浇雨篷、现浇女儿墙长度大于 12m，考虑其耐久性的要求，要设 2cm 左右的温度间隙，钢筋不能切断，混凝土构件可断。

（5）考虑竖向地震作用时，上、下受力钢筋应满足抗震锚固长度要求。

对于复杂高层建筑物中的长悬挑板，由于考虑到负风压产生的吸力，在北方地区高层、超高层建筑物中采用的是封闭阳台，在南方地区很多采用的是非封闭阳台。

（6）悬挑板端部封边构造如图 3-76 所示。

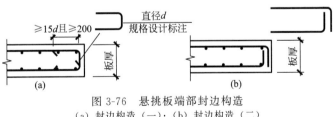

图 3-76　悬挑板端部封边构造
(a) 封边构造（一）；(b) 封边构造（二）
（当板厚 $\geqslant 150mm$ 时）

当悬挑板板端部厚度不小于 150mm 时，设计者应指定板端部封边构造方式，当采用 U 形钢筋封边时，尚应指定 U 形钢筋的规格、直径。

3.4.4　板带的钢筋构造

3.4.4.1　板带纵向钢筋构造

板带纵向钢筋构造如图 3-77 所示。

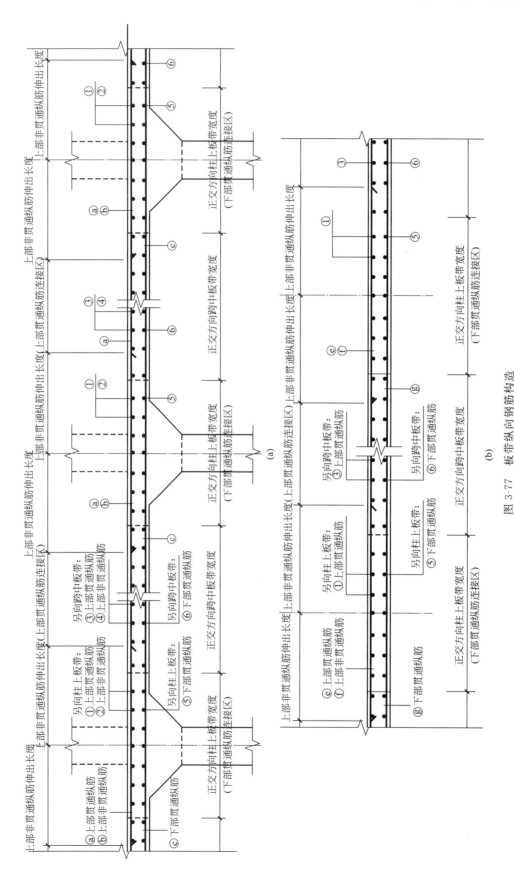

图 3-77　板带纵向钢筋构造

（a）柱上板带 ZSB 纵向钢筋构造；（b）跨中板带 KZB 纵向钢筋构造

（1）当相邻等跨或不等跨的上部贯通纵筋配置不同时，应将配置较大者越过其标注的跨数终点或起点伸出至相邻跨的跨中连接区域连接。

（2）柱上板带上部贯通纵筋的连接区在跨中区域；上部非贯通纵筋向跨内延伸长度按设计标注；非贯通纵筋的端点就是上部贯通纵筋连接区的起点。

（3）跨中板带上部贯通纵筋连接区在跨中区域；下部贯通纵筋连接区的位置就在正交方向柱上板带的下方。

（4）板贯通纵筋在连接区域内也可采用机械连接或焊接连接。

（5）板各部位同一层面的两向交叉纵筋何向在下何向在上，应按具体设计说明。

（6）无梁楼盖柱上板带内贯通纵筋搭接长度应为 l_{lE}。无柱帽柱上板带的下部贯通纵筋宜在距柱面 2 倍板厚以外连接，采用搭接时钢筋端部宜设置垂直于板面的弯钩。

3.4.4.2　板带端支座纵向钢筋构造

板带端支座纵向钢筋构造见图 3-78。

（1）图 3-78 中，柱上板带上部贯通纵筋与非贯通纵筋伸至柱内侧弯折 $15d$，水平段锚固长度 $\geqslant 0.6l_{abE}$。跨中板带上部贯通纵筋与非贯通纵筋伸至柱内侧弯折 $15d$，当设计按铰接时，水平段锚固长度 $\geqslant 0.35l_{ab}$；当设计充分利用钢筋的抗拉强度时，水平段锚固长度 $\geqslant 0.6l_{ab}$。

（2）跨中板带与剪力墙墙顶连接时，图 3-78(d) 做法由设计指定。

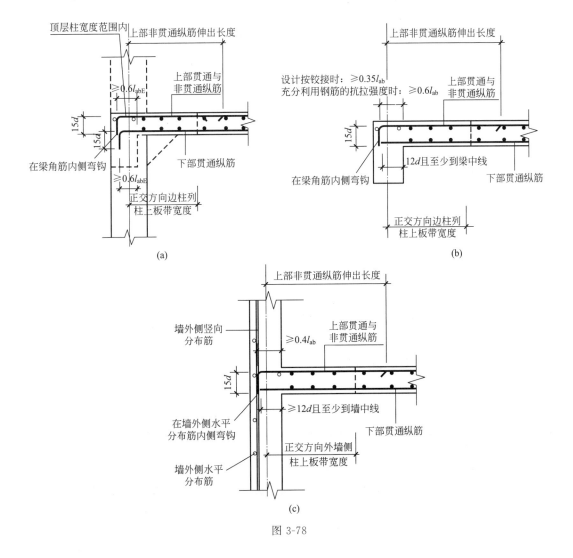

图 3-78

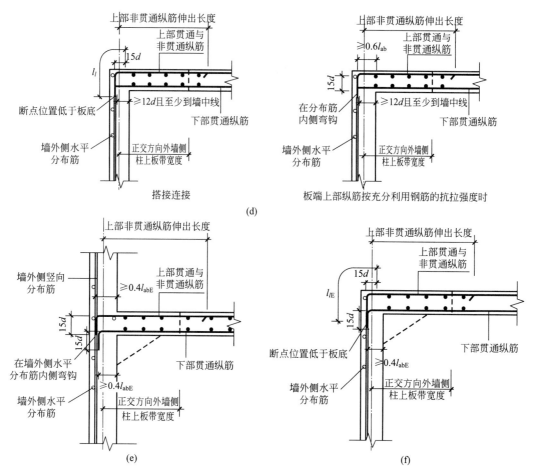

图 3-78　板带端支座纵向钢筋构造

（板带上部非贯通纵筋向跨内伸出长度按设计标注）

（a）柱上板带与柱连接；（b）跨中板带与梁连接；（c）跨中板带与剪力墙中间层连接；（d）跨中板带与剪力墙墙顶连接；（e）柱上板带与剪力墙中间层连接；（f）柱上板带与剪力墙墙顶连接

l_{ab}—受拉钢筋基本锚固长度；l_{abE}—抗震设计时受拉钢筋基本锚固长度；d—钢筋直径；

l_l—纵向受拉钢筋搭接长度；l_{lE}—纵向受拉钢筋抗震搭接长度

3.5　板式楼梯标准构造详图

3.5.1　AT～GT 型梯板配筋构造

AT～GT 型梯板配筋构造如图 3-79～图 3-85 所示。

（1）图 3-79～图 3-85 中上部纵筋锚固长度 $0.35l_{ab}$ 用于设计按铰接的情况，括号内数据 $0.6l_{ab}$ 用于设计考虑充分发挥钢筋抗拉强度的情况，具体工程中设计应指明采用何种情况。

（2）上部纵筋需伸至支座对边再向下弯折。

（3）上部纵筋有条件时可直接伸入平台板内锚固，从支座内边算起总锚固长度不小于 l_a，如图 3-86 中虚线所示。

（4）踏步两头高度调整如图 3-86 所示。

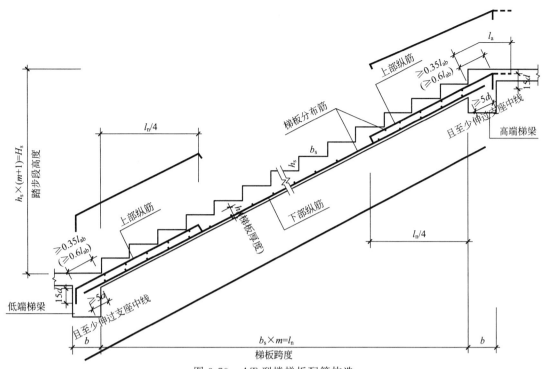

图 3-79　AT 型楼梯板配筋构造

h_s—踏步高；m—踏步数；H_s—踏步段总高度；l_{ab}—受拉钢筋基本锚固长度；

d—钢筋直径；l_n—梯板跨度；b—平台宽；b_s—踏步宽；h—梯板厚度

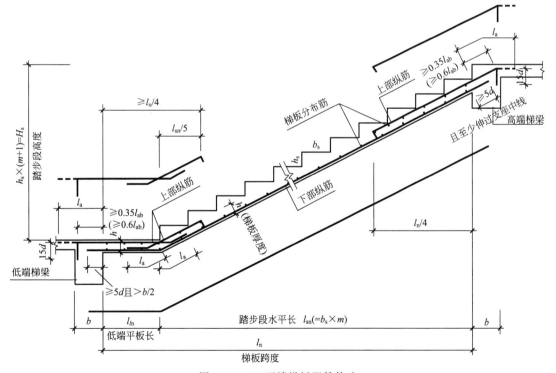

图 3-80　BT 型楼梯板配筋构造

h_s—踏步高；m—踏步数；H_s—踏步段总高度；l_a—受拉钢筋锚固长度；l_{ab}—受拉钢筋基本锚固长度；

d—钢筋直径；l_n—梯板跨度；b—平台宽；b_s—踏步宽；h—梯板厚度；l_{sn}—踏步段水平总长度

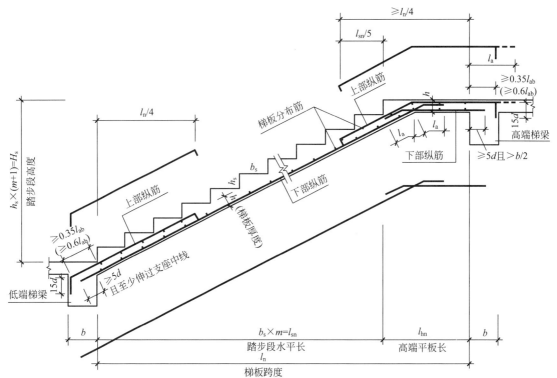

图 3-81　CT 型楼梯板配筋构造

h_s—踏步高；m—踏步数；H_s—踏步段总高度；l_a—受拉钢筋锚固长度；l_{ab}—受拉钢筋基本锚固长度；d—钢筋直径；l_n—梯板跨度；b—平台宽；b_s—踏步宽；h—梯板厚度；l_{sn}—踏步段水平总长度；l_{hn}—高端平板长

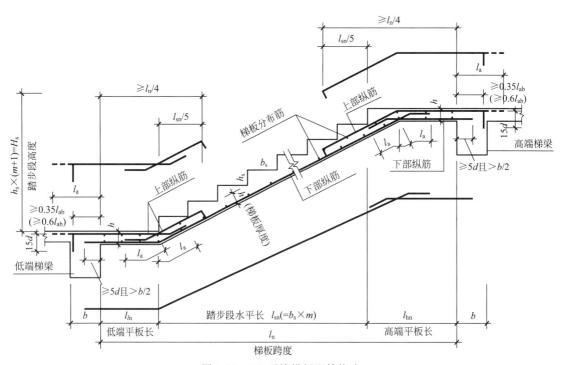

图 3-82　DT 型楼梯板配筋构造

h_s—踏步高；m—踏步数；H_s—踏步段总高度；l_a—受拉钢筋锚固长度；l_{ab}—受拉钢筋基本锚固长度；d—钢筋直径；l_n—梯板跨度；b—平台宽；b_s—踏步宽；h—梯板厚度；l_{sn}—踏步段水平总长度；l_{hn}—高端平板长；l_{ln}—低端平板长

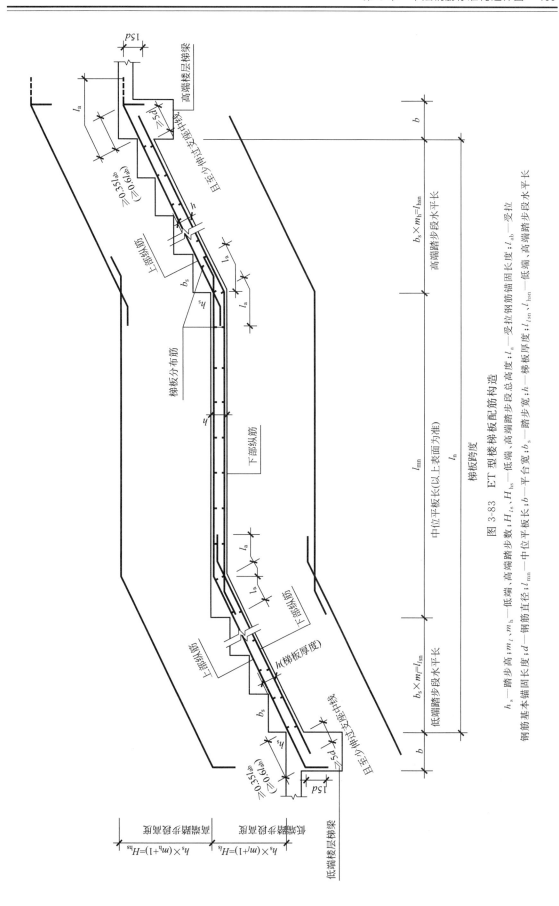

图 3-83　ET 型楼梯板配筋构造

h_s—踏步高；m_l、m_h—低端、高端踏步级数；H_{ls}、H_{hs}—低端、高端踏步段总高度；l_a—受拉钢筋锚固长度；l_{ab}—受拉钢筋基本锚固长度；d—钢筋直径；l_{mn}—中位平板长度；l_{ln}、l_{hsn}—低端、高端踏步段水平长；b_s—踏步宽；b—平台宽；h—梯板厚度；l_n—梯板跨度

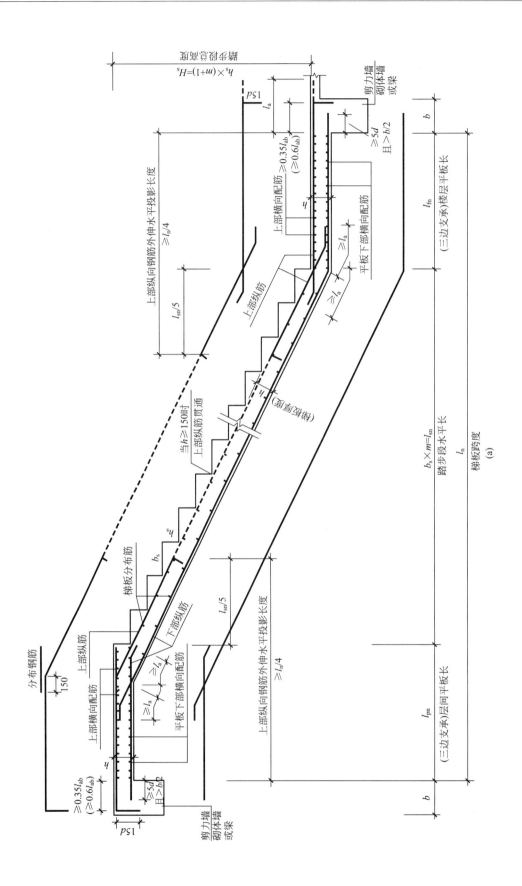

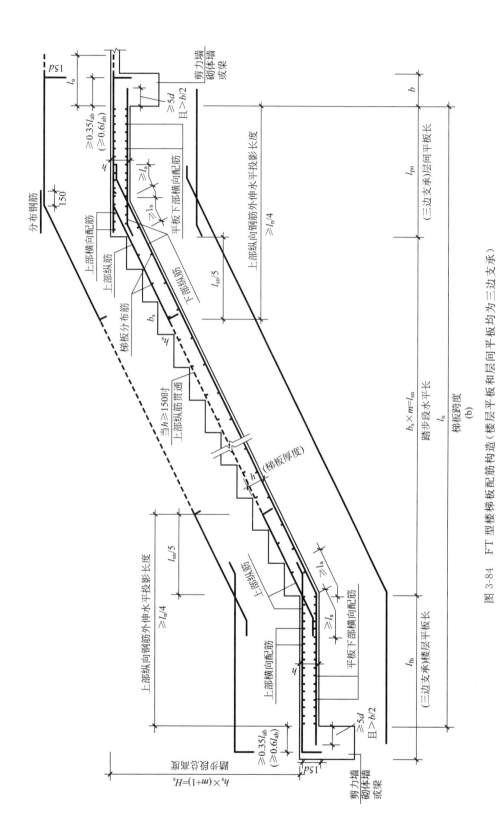

图 3-84　FT 型楼梯板配筋构造（楼层平板和层间平板均为三边支承）

(a)1—1 剖面；(b)2—2 剖面

(b)

h_s—踏步高；m—踏步数；H_s—踏步段总高度；l_a—受拉钢筋锚固长度；l_{ab}—受拉钢筋基本锚固长度；d—钢筋直径；l_n—梯板跨度；
b—平台宽；b_s—踏步宽；h—梯板厚度；l_{sn}—踏步段水平总长度；l_{pn}—（三边支承）层间平板板长；l_{fn}—（三边支承）楼层平板板长

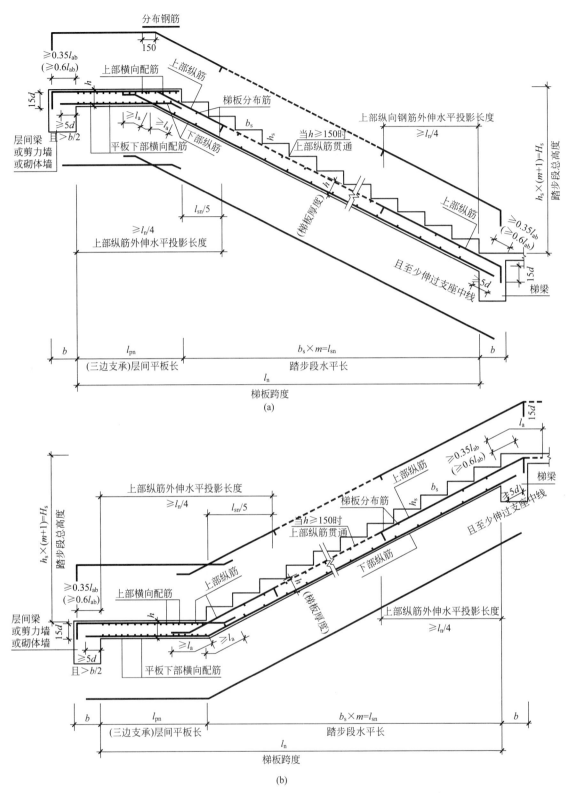

图 3-85　GT 型楼梯梯板配筋构造（层间平板为三边支承，踏步段楼层端为单边支承）

（a）1—1 剖面；（b）2—2 剖面

h_s—踏步高；m—踏步数；H_s—踏步段总高度；l_a—受拉钢筋锚固长度；l_{ab}—受拉钢筋基本锚固长度；d—钢筋直径；l_n—梯板跨度；b—平台宽；b_s—踏步宽；h—梯板厚度；l_{sn}—踏步段水平总长度；l_{pn}—（三边支承）层间平板长

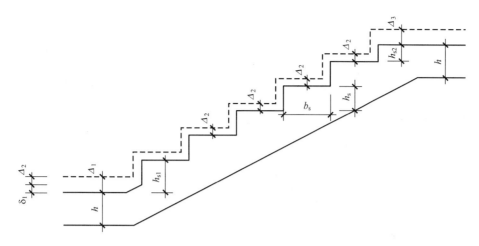

图 3-86　不同踏步位置推高与高度减小构造

δ_1—第一级与中间各级踏步整体竖向推高值；h_{s1}—第一级（推高后）踏步的结构高度；

h_{s2}—最上一级（减小后）踏步的结构高度；Δ_1—第一级踏步根部面层厚度；

Δ_2—中间各级踏步的面层厚度；Δ_3—最上一级踏步（板）面层厚度

注：由于踏步段上、下两端板的建筑面层厚度不同，为使面层完工后各级踏步等高等宽，必须减小最上一级踏步的高度并将其余踏步整体斜向推高，整体推高的（垂直）高度值 $\delta_1=\Delta_1-\Delta_2$，高度减小后的最上一级踏步高度 $h_{s2}=h_s-(\Delta_3-\Delta_2)$。

3.5.2　ATa、ATb 型梯板配筋构造

ATa、ATb 型梯板配筋构造如图 3-87、图 3-88 所示。

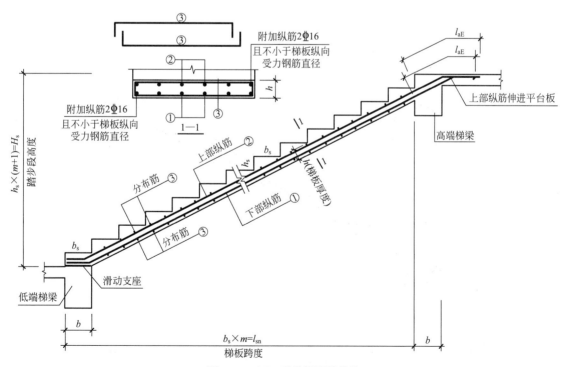

图 3-87　ATa 型梯板配筋构造

h_s—踏步高；m—踏步数；H_s—踏步段总高度；l_{aE}—受拉钢筋抗震锚固长度；

b—平台宽；b_s—踏步宽；h—梯板厚度；l_{sn}—踏步段水平总长度

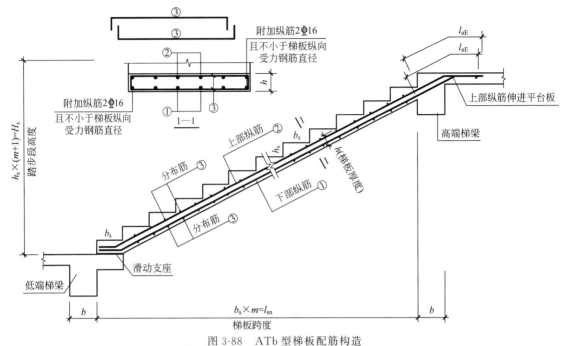

图 3-88   ATb 型梯板配筋构造

h_s—踏步高；m—踏步数；H_s—踏步段总高度；l_{aE}—受拉钢筋抗震锚固长度；

b—平台宽；b_s—踏步宽；h—梯板厚度；l_{sn}—踏步段水平总长度

3.5.3   ATc 型梯板配筋构造

ATc 型梯板配筋构造如图 3-89 所示。

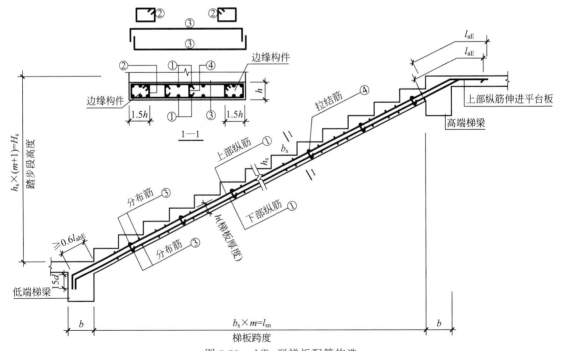

图 3-89   ATc 型梯板配筋构造

h_s—踏步高；m—踏步数；H_s—踏步段总高度；l_{abE}—抗震设计时受拉钢筋基本锚固长度；l_{aE}—受拉

钢筋抗震锚固长度；b—平台宽；b_s—踏步宽；h—梯板厚度；l_{sn}—踏步段水平总长度

（1）钢筋均采用符合抗震性能要求的热轧钢筋（钢筋的抗拉强度实测值与屈服强度实测值的比值不应小于1.25；钢筋的屈服强度实测值与屈服强度标准值的比值不应大于1.3，且钢筋在最大拉力下的总伸长率实测值不应小于9％）。

（2）上部纵筋需伸至支座对边再向下弯折。

（3）踏步两头高度调整如图 3-86 所示。

（4）梯板拉结筋φ6，拉结筋间距为 600mm。

3.6 独立基础平法识图

3.6.1 普通独立基础钢筋构造

3.6.1.1 独立基础 DJJ、DJP、BJJ、BJP 底板配筋构造

独立基础底板配筋构造适用于普通独立基础、杯口独立基础，其配筋构造如图 3-90 所示。

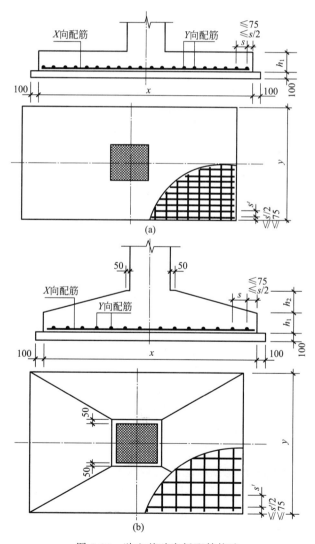

图 3-90 独立基础底板配筋构造

（a）阶形；（b）坡形

s、s'—X、Y 向钢筋间距；x、y—基础两向边长；h_1、h_2—各级（阶）的高度

（1）独立基础底板配筋构造适用于普通独立基础和杯口独立基础。

（2）几何尺寸和配筋按具体结构设计和该图构造确定。

（3）独立基础底板双向交叉钢筋长向设置在下，短向设置在上。

3.6.1.2　独立基础底板配筋长度减短 10％构造

（1）对称独立基础。底板配筋长度减短 10％的对称独立基础构造如图 3-91 所示。

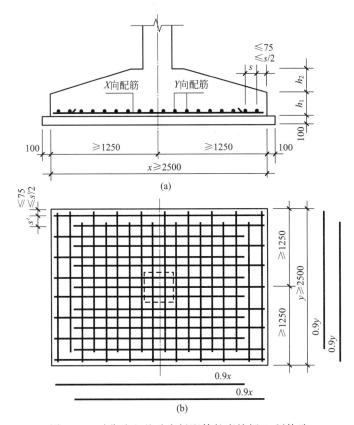

图 3-91　对称独立基础底板配筋长度缩短 10％构造

(a) 剖面图；(b) 平面图

s、s'—X、Y 向钢筋间距；x、y—基础两向边长；h_1、h_2—各级（阶）的高度

　　当对称独立基础底板的长度不小于 2500mm 时，各边最外侧钢筋不缩短；除了外侧钢筋外，两项其他底板配筋可以减短 10％，即取相应方向底板长度的 90％，交错放置。

（2）非对称独立基础。底板配筋长度减短 10％的非对称独立基础构造如图 3-92 所示。

　　当非对称独立基础底板的长度不小于 2500mm 时，各边最外侧钢筋不减短；对称方向：（图 3-92 中 Y 向）中部钢筋长度减短 10％；非对称方向（图 3-92 中 X 向）：当基础某侧从柱中心至基础底板边缘的距离小于 1250mm 时，该侧钢筋不减短；当基础某侧从柱中心至基础底板边缘的距离不小于 1250mm 时，该侧钢筋隔一根减短一根。

3.6.1.3　双柱普通独立基础底部与顶部配筋

　　双柱普通独立基础底部与顶部配筋由纵向受力钢筋和横向分布筋组成，如图 3-93 所示。

（1）沿双柱方向，在确定基础底板底部钢筋长度缩短 10％时，基础底板长度应按减去两柱中心距尺寸后的长度取用。

（2）钢筋位置关系。双柱普通独立基础底部双向交叉钢筋，根据基础两个方向从柱外缘至基础外缘的延伸长度 ex 和 ey 的大小，较大者方向的钢筋设置在下，较小者方向的钢筋设

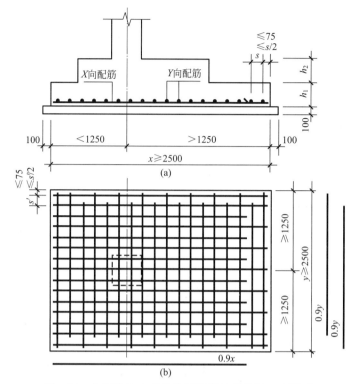

图 3-92 非对称独立基础底板配筋长度缩短10％构造

(a) 剖面图；(b) 平面图

s、s'—X、Y 向钢筋间距；x、y—基础两向边长；h_1、h_2—各级（阶）的高度

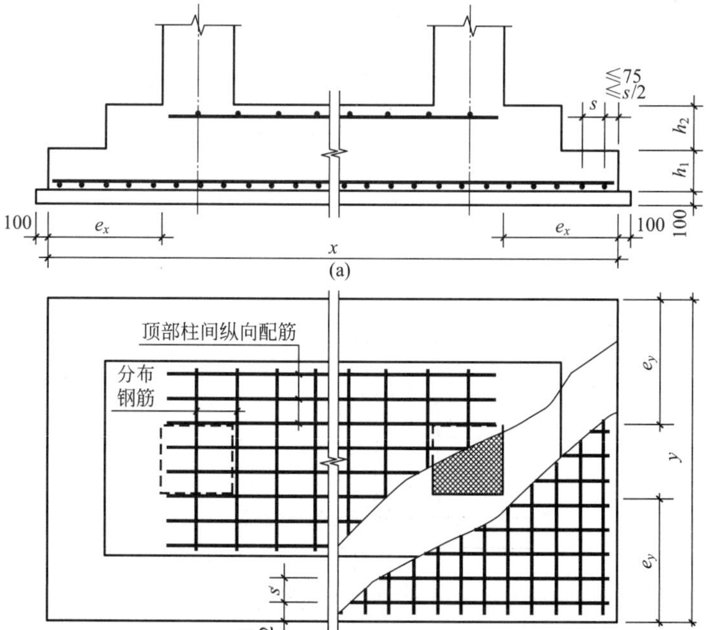

图 3-93 双柱普通独立基础配筋构造

（a）剖面图；（b）平面图

e_x、e_y—基础 X 向、Y 向从柱外缘至基础外缘的伸出长度；s、s'—X、Y 向钢筋间距；

x、y—基础两向边长；h_1、h_2—各级（阶）的高度

置在上。而基础顶部双向交叉钢筋，则柱间纵向钢筋在上，柱间分布钢筋在下。

3.6.1.4　设置基础梁的双柱普通独立基础配筋构造

设置基础梁的双柱普通独立基础配筋构造如图 3-94 所示。

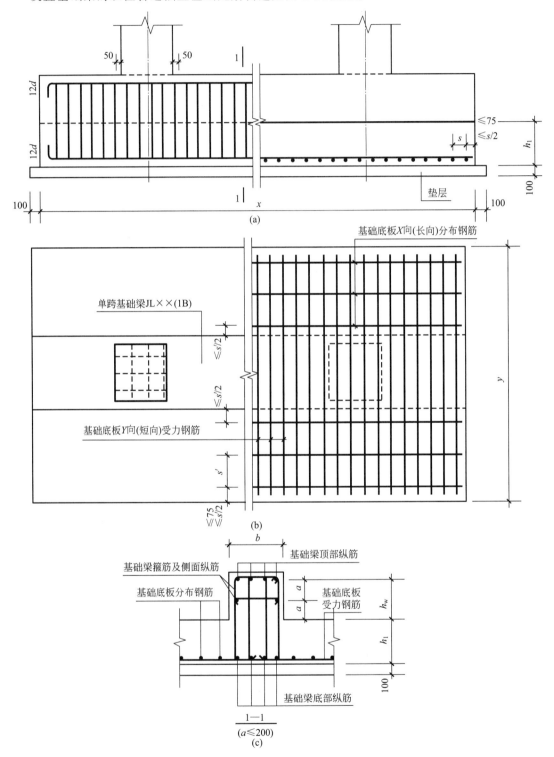

图 3-94　设置基础梁的双柱普通独立基础配筋构造

(a) 剖面图；(b) 平面图；(c) 1—1 剖面图

s、s'—X、Y 向钢筋间距；x、y—基础两向边长；h_1—基础底板高度；h_w—基础底板净高度；d—钢筋直径；a、b—短边、长边宽度

（1）双柱独立基础底板的截面形状可为阶形截面 DJ$_J$ 或坡形截面 DJ$_P$。

（2）几何尺寸和配筋按具体结构设计和该图构造确定。

（3）双柱独立基础底部短向受力钢筋设置在基础梁纵筋之下，与基础梁箍筋的下水平段位于同一层面。

（4）双柱独立基础所设置的基础梁宽度，宜比柱截面宽度宽≥100mm（每边≥50mm）。当具体设计的基础梁宽度小于柱截面宽度时，施工时应按相关规定增设梁包柱侧腋。

3.6.1.5　单柱带短柱独立基础配筋构造

单柱带短柱独立基础配筋构造如图 3-95 所示。

（1）带短柱独立基础底板的截面形式可为阶行截面 BJ$_J$ 或坡形截面 BJ$_P$。当为坡形截面

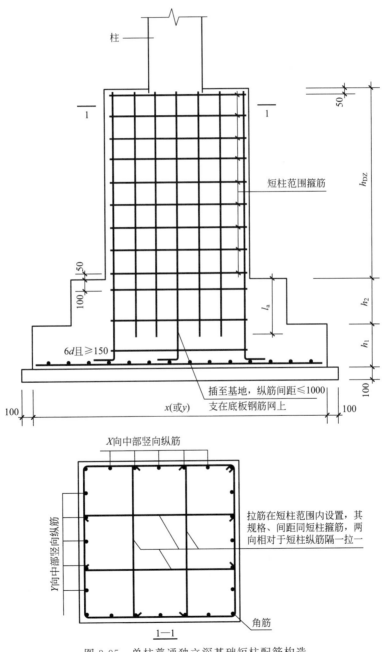

图 3-95　单柱普通独立深基础短柱配筋构造

h_1、h_2、h_{DZ}—各级（阶）的高度；d—钢筋直径；x、y—基础两向边长；l_a—受拉钢筋锚固长度

且坡度较大时，应在坡面上安装顶部模板，以确保混凝土能够浇筑成型、振捣密实。

（2）短柱角部纵筋和部分中间纵筋插至基底纵筋间距≤1000mm 支在底板钢筋网上，其余中间的纵筋不插至基底，仅锚入基础 l_a。

（3）端柱箍筋在基础顶面以上 50mm 处开始布置；短柱在基础内部的箍筋在基础顶面以下 100mm 处开始布置。

（4）拉筋在端柱范围内设置，其规格、间距同短柱箍筋，两向相对于端柱纵筋隔一拉一。如图 3-95 中"1—1"断面图所示。

（5）几何尺寸和配筋按具体结构设计和本图构造确定。

3.6.1.6　双柱带短柱独立基础配筋构造

双柱带短柱独立基础配筋构造如图 3-96 所示。

（1）带短柱独立基础底板的截面形式可为阶形截面 BJ_J 或坡形截面 BJ_P。当为坡形截面

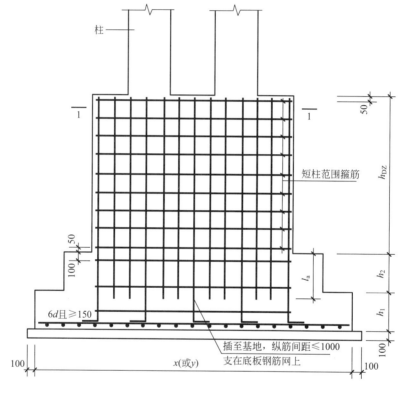

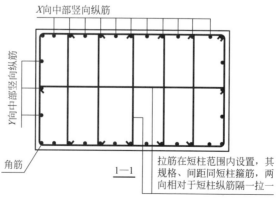

图 3-96　双柱带短柱独立基础配筋构造

h_1、h_2、h_{DZ}—各级（阶）的高度；d—钢筋直径；x、y—基础两向边长；l_a—受拉钢筋锚固长度

且坡度较大时，应在坡面上安装顶部模板，以确保混凝土能够浇筑成型、振捣密实。

（2）短柱角部纵筋和部分中间纵筋插至基底纵筋间距≤1000mm 支在底板钢筋网上，其余中间的纵筋不插至基底，仅锚入基础 l_a。

（3）短柱箍筋在基础顶面以上 50mm 处开始布置；短柱在基础内部的箍筋在基础顶面以下 100mm 处开始布置。

（4）如图 3-96 中"1—1"断面图所示，拉筋在短柱范围内设置，其规格、间距同短柱箍筋，两向相对于短柱纵筋隔一拉一。

（5）几何尺寸和配筋按具体结构设计和本图构造确定。

3.6.2 杯口独立基础钢筋构造

3.6.2.1 杯口和双杯口独立基础构造

杯口和双杯口独立基础构造如图 3-97 所示。

（1）杯口独立基础底板的截面形状可为阶形截面 BJ_J 或坡形截面 BJ_P。当为坡形截面且坡度较大时，应在坡面上安装顶部模板，以确保混凝土能够浇筑成型、振捣密实。

（2）几何尺寸和配筋按具体结构设计和本图构造确定。

（3）基础底板底部钢筋构造，详见独立基础底板配筋构造。

（4）当双杯口的中间杯壁宽度 t_5＜400mm 时，中间杯壁中配置的构造钢筋按图 3-97 所

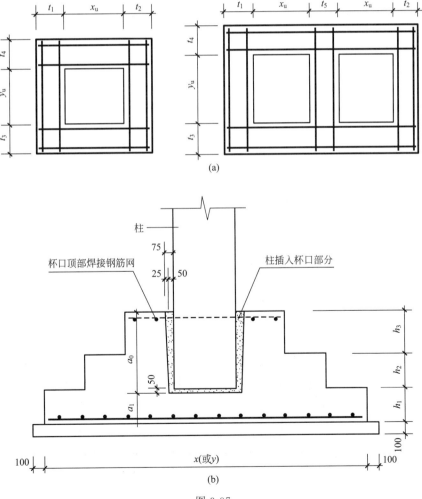

图 3-97

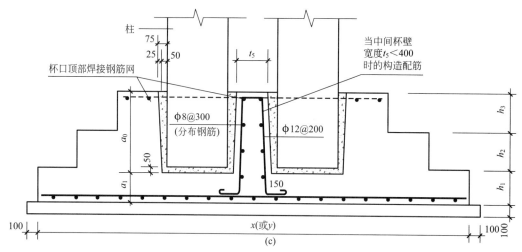

图 3-97　杯口和双杯口独立基础构造

(a) 杯口顶部焊接钢筋网；(b) 杯口独立基础构造；(c) 双杯口独立基础构造

h_1、h_2、h_3—各级（阶）的高度；x、y—杯口独立基础两向边长；x_u、y_u—柱截面尺寸；

t_1、t_2、t_3、t_4、t_5—杯壁宽度；a_0、a_1—杯口内、外尺寸

示施工。

3.6.2.2　高杯口独立基础构造

　　高杯口独立基础底板的截面形状可为阶形截面 BJ_J 或坡形截面 BJ_P。当为坡形截面且坡度较大时，应在坡面上安装顶部模板，以确保混凝土能够浇筑成型、振捣密实。高杯口独立基础配筋构造如图 3-98 所示。

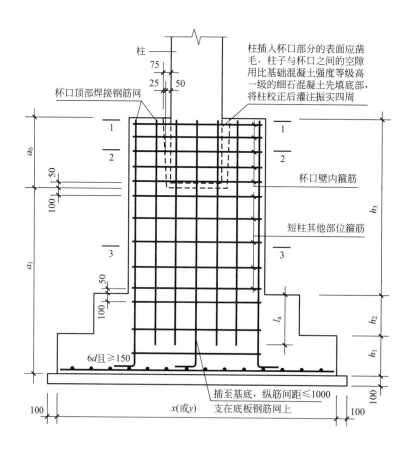

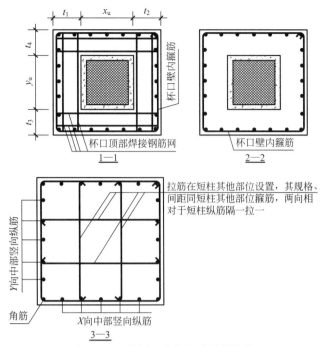

图 3-98　高杯口独立基础配筋构造

h_1、h_2、h_3—各级（阶）的高度；x、y—杯口独立基础两向边长；x_u、y_u—柱截面尺寸；t_1、t_2、t_3、t_4—杯壁宽度；

a_0、a_1—杯口内、外尺寸；d—钢筋直径；l_a—受拉钢筋锚固长度

3.6.2.3　双高杯口独立基础构造

双高杯口独立基础配筋构造如图 3-99 所示。当双杯口的中间杯壁宽度 $t_5 < 400mm$ 时，设置中间杯壁构造配筋。

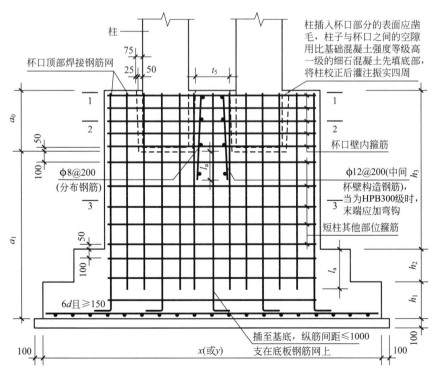

图 3-99

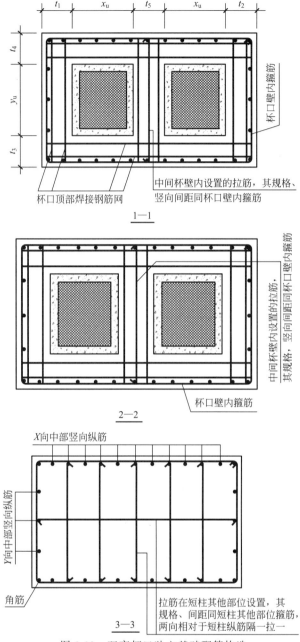

图 3-99　双高杯口独立基础配筋构造

h_1、h_2、h_3—各级（阶）的高度；x、y—杯口独立基础两向边长；x_u、y_u—柱截面尺寸；t_1、t_2、t_3、t_4—杯壁宽度；a_0、a_1—杯口内、外尺寸；d—钢筋直径；l_a—受拉钢筋锚固长度

3.7　条形基础平法识图

3.7.1　条形基础底板配筋构造

3.7.1.1　十字交接基础底板

十字交接基础底板配筋构造如图 3-100 所示。

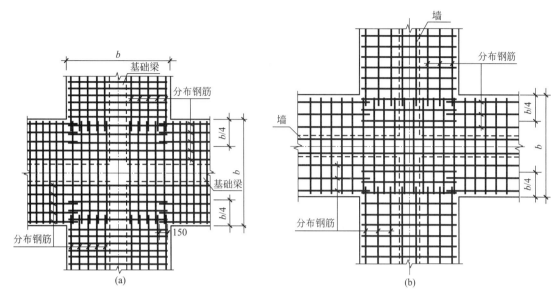

图 3-100　十字交接基础底板配筋构造

（a）十字交接基础底板（一）；（b）十字交接基础底板（二）

b—基础底板宽度

（1）十字交接时，一向受力筋贯通布置，另一向受力筋在交接处伸入 $b/4$ 范围布置。

（2）配置较大的受力筋贯通布置。

（3）分布筋在梁宽范围内不布置。

3.7.1.2　丁字交接基础底板

丁字交接基础底板配筋构造如图 3-101 所示。

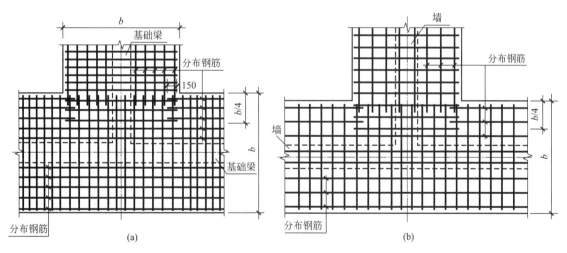

图 3-101　丁字交接基础底板配筋构造

（a）丁字交接基础底板（一）；（b）丁字交接基础底板（二）

b—基础底板宽度

（1）丁字交接时，丁字横向受力筋贯通布置，丁字竖向受力筋在交接处伸入 $b/4$ 范围布置。

（2）分布筋在梁宽范围内不布置。

3.7.1.3 转角梁板端部均有纵向延伸

转角梁板端部均有纵向延伸构造如图 3-102 所示。

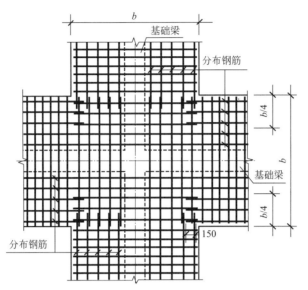

图 3-102　转角梁板端部均有纵向延伸构造

b—基础底板宽度

（1）一向受力钢筋贯通布置。

（2）另一向受力钢筋在交接处伸入 *b*/4 范围布置。

（3）网状部位受力筋与另一向分布筋搭接为 150mm。

（4）分布筋在梁宽范围内不布置。

3.7.1.4 转角梁板端部无纵向延伸

转角梁板端部无纵向延伸构造如图 3-103 所示。

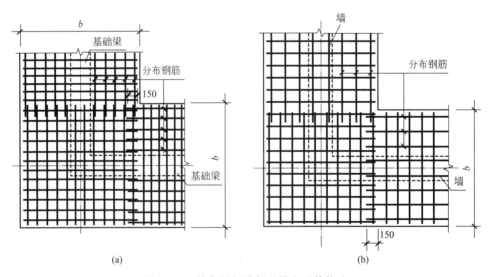

(a)　　　　　　　　　　　(b)

图 3-103　转角梁板端部无纵向延伸构造

（a）转角梁板端部无纵向延伸；（b）转角处墙基础底板

b—基础底板宽度

（1）交接处，两向受力筋相互交叉已经形成钢筋网，分布筋则需要切断，与另一方向受力筋搭接长度为150mm。

（2）分布筋在梁宽范围内不布置。

3.7.1.5 条形基础端部无交接底板

条形基础端部无交接底板，另一向为基础连梁（没有基础底板），钢筋构造如图3-104所示。

端部无交接底板，受力筋在端部 b 范围内相互交叉，分布筋与受力筋搭接150mm。

3.7.1.6 条形基础底板配筋长度缩短10%构造

条形基础底板配筋长度缩短10%构造如图3-105所示。

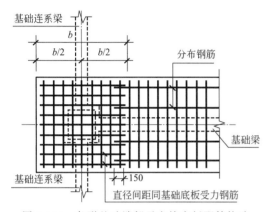

图 3-104 条形基础端部无交接底板配筋构造

b—基础底板宽度

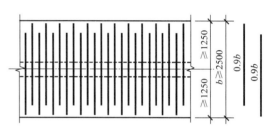

图 3-105 条形基础底板配筋长度缩短10%构造

b—基础底板宽度

当条形基础底板≥2500mm时，底板配筋长度缩短10%交错配置，端部第一根钢筋不应缩短。

3.7.2 条形基础底板板底不平钢筋构造

条形基础底板板底不平钢筋构造如图3-106～图3-108所示。

图3-106中，在柱左方之外1000mm的分布筋转换为受力钢筋，在右侧上拐点以右1000mm的分布筋转换为受力钢筋。转换后的受力钢筋锚固长度为 l_a，与原来的分布筋搭接，搭接长度为150mm。

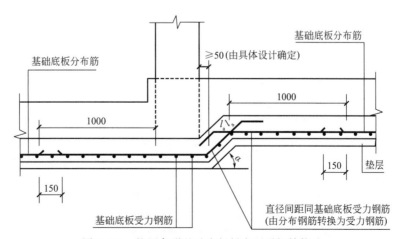

图 3-106 柱下条形基础底板板底不平钢筋构造

（板底高差坡度 a 取45°或按设计）

图 3-107、图 3-108 中，墙下条形基础底板呈阶梯形上升状，基础底板分布筋垂直上弯，受力筋于内侧。

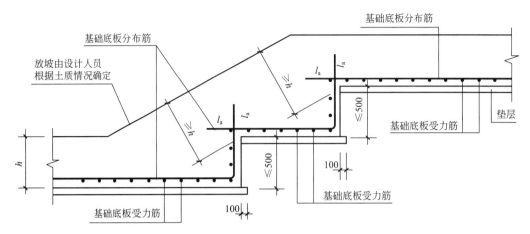

图 3-107 墙下条形基础底板板底不平钢筋构造 （一）

l_a—受拉钢筋锚固长度；h—基础底板高度

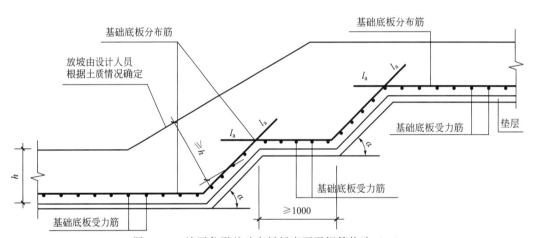

图 3-108 墙下条形基础底板板底不平钢筋构造 （二）

（板底高差坡度 α 取 45°或按设计）

l_a—受拉钢筋锚固长度；h—基础底板高度；α—板底高差坡度

3.7.3 基础梁箍筋构造

3.7.3.1 基础梁 JL 纵向钢筋与箍筋构造

基础梁 JL 纵向钢筋与箍筋构造如图 3-109 所示。

（1）梁上部设置贯通长纵筋，如需接头，其位置在柱两侧 $l_n/4$ 范围内。

（2）梁下部纵筋有贯通筋和非贯通筋。贯通筋的接头位置在跨中 $l_n/3$ 范围内；当相邻两跨贯通纵筋配置不同时，应将配置较大一跨的底部贯通纵筋越过其标注的跨数终点或起点，伸至配置较小的毗邻跨的跨中连接区域。

（3）基础主梁相交处位于同一层面的交叉纵筋，何梁纵筋在下、何梁纵筋在上，应按具体设计说明。

3.7.3.2 基础梁 JL 配置两种箍筋构造

基础梁 JL 配置两种箍筋构造如图 3-110 所示。

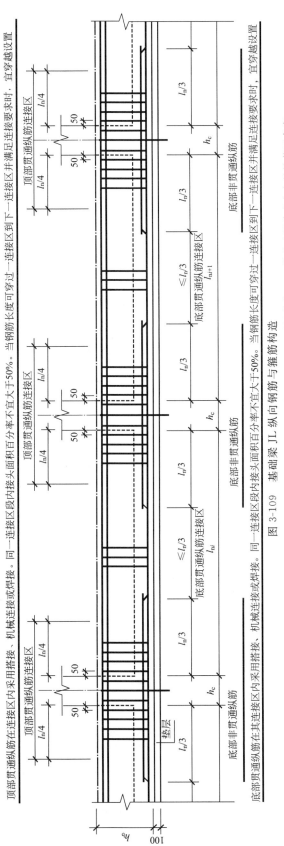

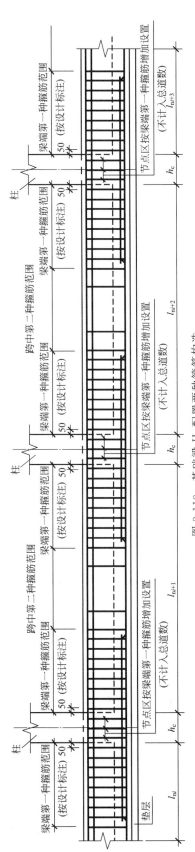

图 3-109 基础梁 JL 纵向钢筋与箍筋构造

l_n—支座两边的净跨长度 l_{ni} 和 l_{ni+1} 的最大值；l_{ni}、l_{ni+1}—左、右跨的净跨长度；h_b—基础梁高度；h_c—沿基础梁跨度方向的柱截面高度

图 3-110 基础梁 JL 配置两种箍筋构造

l_{ni}、l_{ni+1}—左、右跨的净跨长度；h_c—沿基础梁跨度方向的柱截面高度

当具体设计未注明时，基础梁的外伸部位及基础梁端部节点内按第一种箍筋设置。

3.7.4 基础梁端部钢筋构造

3.7.4.1 梁板式筏形基础梁端部等截面外伸钢筋构造

梁板式筏形基础梁端部等截面外伸钢筋构造见图 3-111。

（1）梁顶部上排贯通纵筋伸至尽端内侧弯折 $12d$；顶部下排贯通纵筋不伸入外伸部位。

（2）梁底部上排非贯通纵筋伸至端部截断；底部下排非贯通纵筋伸至尽端内侧弯折 $12d$，从支座中心线向跨内的延伸长度为 $l_n/3 + h_c/2$。

（3）梁底部贯通纵筋伸至尽端内侧弯折 $12d$。

注：当从柱内边算起的梁端部外伸长度不满足直锚要求时，基础梁下部钢筋应伸至端部后弯折，且从柱内边算起水平段长度 $\geq 0.6l_{ab}$，弯折段长度 $15d$。

3.7.4.2 梁板式筏形基础梁端部变截面外伸钢筋构造

梁板式筏形基础梁端部变截面外伸钢筋构造见图 3-112。

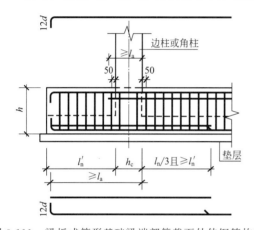

图 3-111　梁板式筏形基础梁端部等截面外伸钢筋构造
l_a—受拉钢筋锚固长度；l_n—相邻两跨跨度值的较大值；
l_n'—柱外侧边缘至梁外伸端的距离；h_c—沿基
础梁跨度方向的柱截面高度；h—基础梁高度

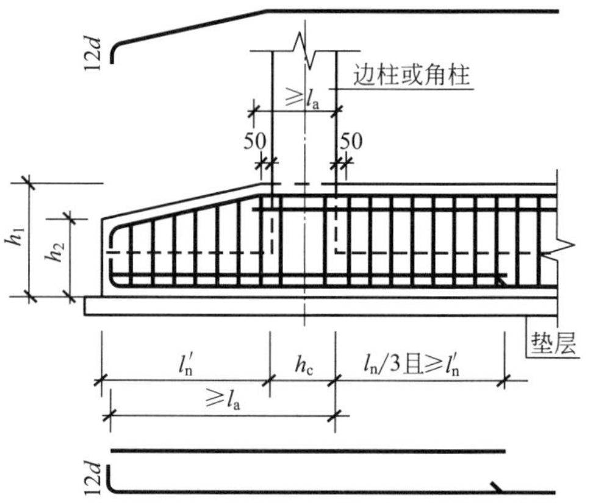

图 3-112　梁板式筏形基础梁端部变截面外伸钢筋构造
l_a—受拉钢筋锚固长度；l_n—相邻两跨跨度值的较大值；l_n'—柱外
侧边缘至梁外伸端的距离；h_c—沿基础梁跨度方向的柱截
面高度；h_1—根部截面高度；h_2—尽端截面高度

（1）梁顶部上排贯通纵筋伸至尽端内侧弯折 $12d$；顶部下排贯通纵筋不伸入外伸部位。

（2）梁底部上排非贯通纵筋伸至端部截断；底部下排非贯通纵筋伸至尽端内侧弯折 $12d$，从支座中心线向跨内的延伸长度为 $l_n/3 + h_c/2$。

（3）梁底部贯通纵筋伸至尽端内侧弯折 $12d$。

注：当从柱内边算起的梁端部外伸长度不满足直锚要求时，基础梁下部钢筋应伸至端部后弯折，且从柱内边算起水平段长度 $\geq 0.6l_{ab}$，弯折段长度 $15d$。

3.7.4.3 梁板式筏形基础梁端部无外伸钢筋构造

梁板式筏形基础梁端部无外伸钢筋构造见图 3-113。

（1）梁顶部贯通纵筋伸至尽端内侧弯折 $15d$；从柱内侧起，伸入端部且水平段 $\geq 0.6l_{ab}$（顶部单排/双排钢筋构造相同）。

（2）梁底部非贯通纵筋伸至尽端内侧弯折 $15d$；从柱内侧起，伸入端部且水平段 $\geq 0.6l_{ab}$，从支座中心线向跨内的延伸长度为 $l_n/3 + h_c/2$。

（3）梁底部贯通纵筋伸至尽端内侧弯折 $15d$；从柱内侧起，伸入端部且水平段 $\geq 0.6l_{ab}$。

3.7.4.4 条形基础梁端部等截面外伸钢筋构造

条形基础梁端部等截面外伸钢筋构造见图 3-114。

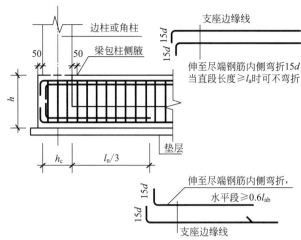

图 3-113　梁板式筏形基础梁端部无外伸钢筋构造

h—基础梁高度；h_c—沿基础梁跨度方向的柱截面高度；l_n—相邻两跨跨度值的较大值；

d—钢筋直径；l_a—受拉钢筋锚固长度；l_{ab}—受拉钢筋基本锚固长度

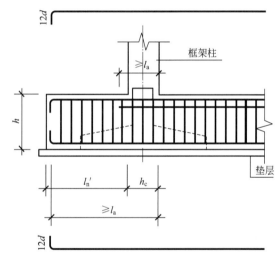

图 3-114　条形基础梁端部等截面外伸钢筋构造

d—钢筋直径；h—基础梁高度；h_c—沿基础梁跨度方向的柱截面高度；

l_a—受拉钢筋锚固长度；l_n'—柱外侧边缘至梁外伸端的距离

（1）梁顶部上排贯通纵筋伸至尽端内侧弯折 $12d$；顶部下排贯通纵筋不伸入外伸部位。

（2）梁底部下排非贯通纵筋伸至尽端内侧弯折 $12d$，从支座中心线向跨内的延伸长度为 $h_c/2 + l_n'$。

（3）梁底部贯通纵筋伸至尽端内侧弯折 $12d$。

注：当从柱内边算起的梁端部外伸长度不满足直锚要求时，基础梁下部钢筋应伸至端部后弯折，且从柱内边算起水平段长度 $\geq 0.6l_{ab}$，弯折段长度 $15d$。

3.7.4.5　条形基础梁端部变截面外伸钢筋构造

条形基础梁端部变截面外伸钢筋构造见图 3-115。

（1）梁顶部上排贯通纵筋伸至尽端内侧弯折 $12d$；顶部下排贯通纵筋不伸入外伸部位。

（2）梁底部下排非贯通纵筋伸至尽端内侧弯折 $12d$，从支座中心线向跨内的延伸长度为

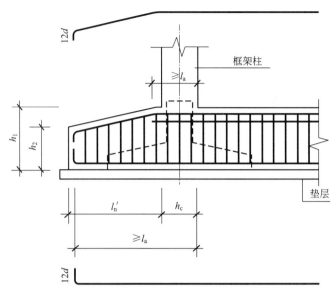

图 3-115 条形基础梁端部变截面外伸钢筋构造

d—钢筋直径；h_1—根部截面高度；h_2—尽端截面高度；h_c—沿基础梁跨度方向
的柱截面高度；l_a—受拉钢筋锚固长度；l'_n—柱外侧边缘至梁外伸端的距离

$h_c/2 + l'_n$。

（3）梁底部贯通纵筋伸至尽端内侧弯折 $12d$。

注：当从柱内边算起的梁端部外伸长度不满足直锚要求时，基础梁下部钢筋应伸至端部后弯折，且从柱内边算起水平段长度 $\geqslant 0.6l_{ab}$，弯折段长度 $15d$。

3.7.5 基础梁梁底不平和变截面部位钢筋构造

3.7.5.1 梁顶有高差

梁顶有高差构造如图 3-116 所示。

梁顶面标高高的梁顶部第一排纵筋伸至尽端，弯折长度自梁顶面标高低的梁顶部算起 l_a，

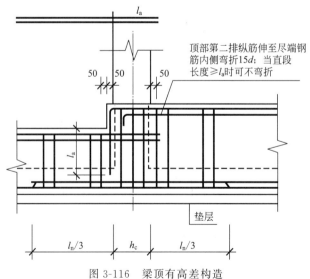

图 3-116 梁顶有高差构造

l_a—受拉钢筋锚固长度；d—钢筋直径；l_n—相邻两跨跨度值
的较大值；h_c—沿基础梁跨度方向的柱截面高度

顶部第二排纵筋伸至尽端钢筋内侧，弯折长度 $15d$，当直锚长度 $\geqslant l_a$ 时可不弯折。梁顶面标高低的梁上部纵筋锚固长度 $\geqslant l_a$ 截断即可。

3.7.5.2 梁底有高差

梁底有高差构造如图 3-117 所示。

梁底面标高低的梁底部钢筋斜伸至梁底面标高高的梁内，锚固长度为 l_a；梁底面标高高的梁底部钢筋锚固长度 $\geqslant l_a$ 截断即可。

3.7.5.3 梁底、梁顶均有高差

当梁底、梁顶均有高差时，梁底面标高高的梁顶部第一排纵筋伸至尽端，弯折长度自梁底面标高低的梁顶部算起 l_a，顶部第二排纵筋伸至尽端钢筋内侧，弯折长度 $15d$，当直锚长度 $\geqslant l_a$ 时可不弯折，梁底面标高低的梁顶部纵筋锚入长度 $\geqslant l_a$ 截断即可；梁底面标高高的梁底部钢筋锚入梁内长度 $\geqslant l_a$ 截断即可；梁底面标高低的底部钢筋斜伸至梁底面标高高的梁内，锚固长度为 l_a，如图 3-118 所示。

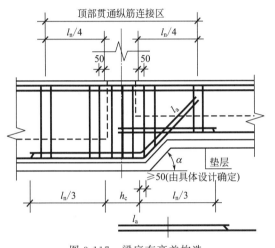

图 3-117　梁底有高差构造

l_a—受拉钢筋锚固长度；l_n—相邻两跨跨度值的较大值；
h_c—沿基础梁跨度方向的柱截面高度；α—板底高差坡度

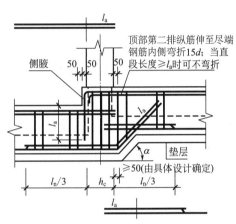

图 3-118　梁底、梁顶均有高差钢筋构造

l_a—受拉钢筋锚固长度；d—钢筋直径；l_n—相邻
两跨跨度值的较大值；h_c—沿基础梁跨度
方向的柱截面高度；α—板底高差坡度

上述构造既适用于条形基础又适用于筏形基础，除此之外，当梁底、梁顶均有高差时，还有一种只适用于条形基础的构造，如图 3-119 所示。

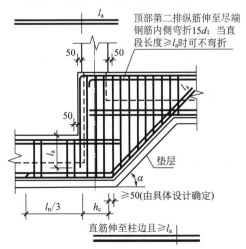

图 3-119　梁底、梁顶均有高差钢筋构造
（仅适用于条形基础）

l_a—受拉钢筋锚固长度；d—钢筋直径；
l_n—相邻两跨跨度值的较大值；
h_c—沿基础梁跨度方向的柱
截面高度；α—板底高差坡度

3.7.5.4 柱两边梁宽不同

柱两边梁宽不同钢筋构造如图 3-120 所示。

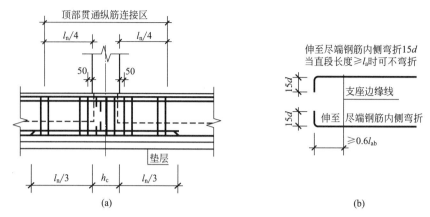

图 3-120 柱两边梁宽不同钢筋构造

(a) 构造示意图；(b) 柱两边梁宽不同钢筋弯折尺寸

l_n—相邻两跨跨度值的较大值；h_c—沿基础梁跨度方向的柱截面高度；d—钢筋直径；l_{ab}—受拉钢筋基本锚固长度

宽出部位梁的上、下部第一排纵筋连通设置；在宽出部位，不能连通的钢筋，上、下部第二排纵筋伸至尽端钢筋内侧，弯折长度 $15d$，当直锚长度 $\geq l_a$ 时，可不弯折。

3.7.6 基础梁侧部筋、加腋筋构造

3.7.6.1 基础梁侧面构造纵筋和拉筋

基础梁侧面构造纵筋和拉筋如图 3-121 所示。

基础梁 $h_w \geq 450\text{mm}$ 时，梁的两个侧面应沿高度配置纵向构造钢筋，纵向构造钢筋间距 $a \leq 200\text{mm}$；侧面构造纵筋能贯通就贯通，不能贯通则取锚固长度值为 $15d$，如图 3-121、图 3-122 所示。

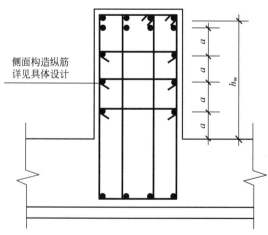

图 3-121 基础梁侧面构造纵筋和拉筋

a—纵向构造钢筋间距；h_w—基础梁腹板高度

梁侧钢筋的拉筋直径除注明者外均为 8mm，间距为箍筋间距的 2 倍。当设有多排拉筋时，上下两排拉筋竖向错开设置。

基础梁侧面纵向构造钢筋搭接长度为 $15d$。十字相交的基础梁，当相交位置有柱时，侧

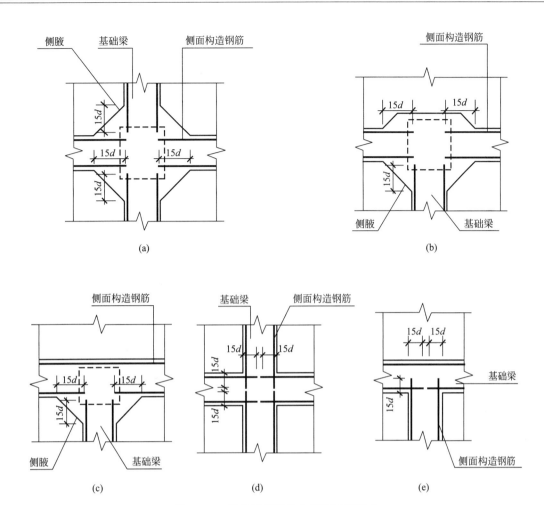

图 3-122　基础梁侧面纵向钢筋锚固要求

（a）侧面构造钢筋（一）；（b）侧面构造钢筋（二）；（c）侧面构造钢筋（三）；

（d）侧面构造钢筋（四）；（e）侧面构造钢筋（五）

d—钢筋直径

面构造纵筋锚入梁包柱侧腋内 15d，见图 3-122（a）；当无柱时侧面构造纵筋锚入交叉梁内 15d，见图 3-122（d）。丁字相交的基础梁，当相交位置无柱时，横梁外侧的构造纵筋应贯通，横梁内侧的构造纵筋锚入交叉梁内 15d，见图 3-122（e）。

基础梁侧面受扭纵筋的搭接长度为 l_l，其锚固长度为 l_a，锚固方式同梁上部纵筋。

3.7.6.2　基础梁与柱结合部侧腋构造

基础梁与柱结合部侧腋构造如图 3-123 所示。

（1）当基础主梁比柱宽，而且完全形成梁包柱的情况时，就不要执行侧腋构造。

（2）侧腋构造由于柱节点上梁根数的不同，而形成一字形、L 形、丁字形、十字形等各种构造形式，其加腋的做法各不相同。

侧腋构造几何尺寸的特点：加腋斜边与水平边的夹角为 45°。

侧腋厚度：加腋部分的边沿线与框架柱之间的最小距离为 50mm。

（3）基础主梁侧腋的钢筋构造。基础主梁的侧腋是构造配筋。侧腋钢筋直径不小于 12mm 且不小于柱箍筋直径，间距同柱箍筋；分布筋为 φ8@200。

一字形、丁字形节点的直梁侧腋钢筋弯折点距柱边沿 50mm。

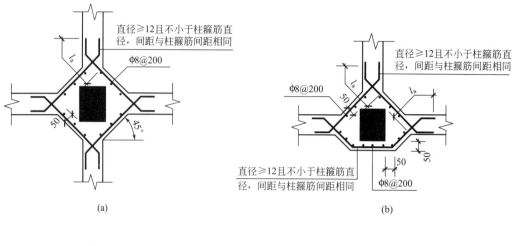

(a)
(b)

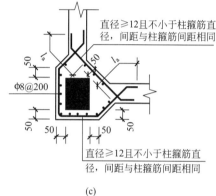

(c)

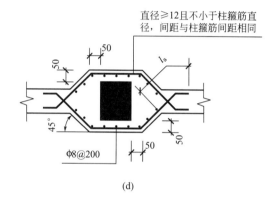

(d)

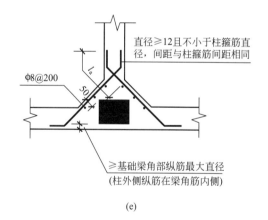

(e)

图 3-123 基础梁 JL 与柱结合部侧腋构造

（a）十字交叉基础梁与柱结合部侧腋构造；（b）丁字交叉基础梁与柱结合部侧腋构造；

（c）无外伸基础梁与柱结合部侧腋构造；（d）基础梁中心穿柱侧腋构造；

（e）基础梁偏心穿柱与柱结合部侧腋构造

l_a—受拉钢筋锚固长度

　　侧腋钢筋从侧腋拐点向梁内弯锚 l_a（含钢筋端部弯折长度）；当直锚部分长度满足 l_a 时，钢筋端部不弯折（即为直形钢筋）。

3.7.6.3　基础梁竖向加腋钢筋构造

基础梁竖向加腋钢筋构造如图 3-124 所示。

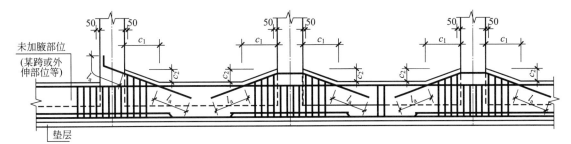

图 3-124　基础梁竖向加腋钢筋构造

c_1—腋长；c_2—腋高；l_a—受拉钢筋锚固长度

（1）基础梁竖向加腋筋规格，如果施工图未注明，则同基础梁顶部纵筋；如果施工图有标注，则按其标注规格。

（2）基础梁竖向加腋筋，长度为锚入基础梁内 l_a，根数为基础梁顶部第一排纵筋根数 −1。

3.8　筏形基础平法识图

3.8.1　基础次梁端部钢筋构造

3.8.1.1　端部等截面外伸构造

基础次梁端部等截面外伸钢筋构造如图 3-125 所示。

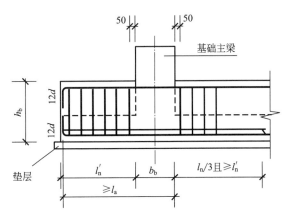

图 3-125　基础次梁端部等截面外伸钢筋构造

l_a—受拉钢筋锚固长度；l_n—相邻两跨跨度值的较大值；l_n'—柱外侧边缘至梁外伸端的距离；

d—钢筋直径；h_b—基础次梁截面高度；b_b—基础次梁截面宽度

（1）梁顶部贯通纵筋伸至尽端内侧弯折 $12d$；梁底部贯通纵筋伸至尽端内侧弯折 $12d$。

（2）梁底部上排非贯通纵筋伸至端部截断；底部下排非贯通纵筋伸至尽端内侧弯折 $12d$，从支座中心线向跨内的延伸长度为 $l_n/3+b_b/2$。

注：当从基础主梁内边算起的外伸长度不满足直锚要求时，基础次梁下部钢筋伸至端部后弯折 $15d$；从梁内边算起水平段长度应 $\geqslant 0.6l_{ab}$。

3.8.1.2　端部变截面外伸钢筋构造

基础次梁端部变截面外伸钢筋构造如图 3-126 所示。

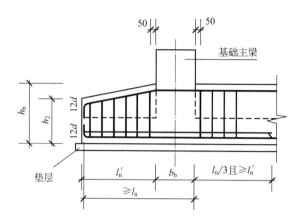

图 3-126　端部变截面外伸钢筋构造

l_a—受拉钢筋锚固长度；l_n—相邻两跨跨度值的较大值；l_n'—柱外侧边缘至
梁外伸端的距离；d—钢筋直径；h_b—基础次梁截面高度；b_b—基础次梁
支座的基础主梁宽度；h_2—尽端截面高度

（1）梁顶部贯通纵筋伸至尽端内侧弯折 $12d$。梁底部贯通纵筋伸至尽端内侧弯折 $12d$。

（2）梁底部上排非贯通纵筋伸至端部截断；梁底部下排非贯通纵筋伸至尽端内侧弯折 $12d$，从支座中心线向跨内的延伸长度为 $l_n/3 + b_b/2$。

注：当从基础主梁内边算起的外伸长度不满足直锚要求时，基础次梁下部钢筋伸至端部后弯折 $15d$；从梁内边算起水平段长度应 $\geqslant 0.6l_{ab}$。

3.8.2　基础次梁箍筋、加腋构造

3.8.2.1　基础次梁 JCL 纵向钢筋与箍筋构造

基础次梁纵向钢筋与箍筋构造如图 3-127 所示。

（1）同跨箍筋有两种时，其设置范围按具体设计注写值。

（2）基础梁外伸部位按梁端第一种箍筋设置或由具体设计注明。

（3）基础主梁与次梁交接处基础主梁箍筋贯通，次梁箍筋距主梁边 50mm 开始布置。

（4）基础次梁 JCL 上部贯通纵筋连接区长度在主梁 JL 两侧各 $l_n/4$ 范围内；下部贯通纵筋的连接区在跨中 $l_n/3$ 范围内，非贯通纵筋的截断位置在基础主梁两侧处 $l_n/3$，l_n 为左跨和右跨的较大值。

3.8.2.2　基础次梁 JCL 配置两种箍筋构造

基础次梁 JCL 配置两种箍筋构造如图 3-128 所示。

（1）每跨梁的箍筋布置从基础主梁边沿 50mm 开始计算，依次布置第一种加密箍筋、非加密区箍筋。

（2）当梁只标注一种箍筋的规格和间距时，则整跨基础次梁都按照这种箍筋的规格和间距进行配筋。

3.8.2.3　基础次梁竖向加腋钢筋构造

基础次梁竖向加腋钢筋构造如图 3-129 所示。基础次梁竖向加腋筋，长度为锚入基础梁内 l_a；根数为基础次梁顶部第一排纵筋根数－1。

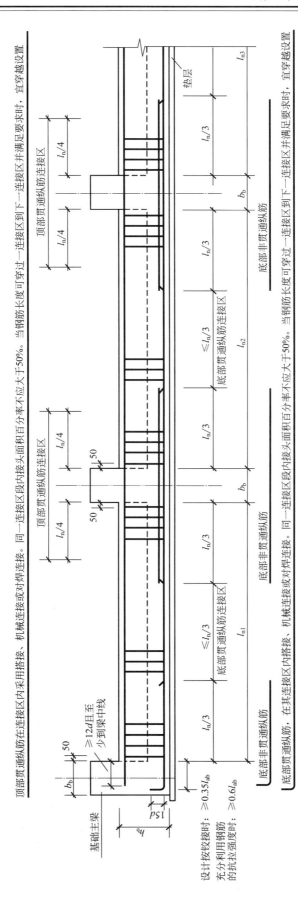

图 3-127　基础次梁纵向钢筋与箍筋构造

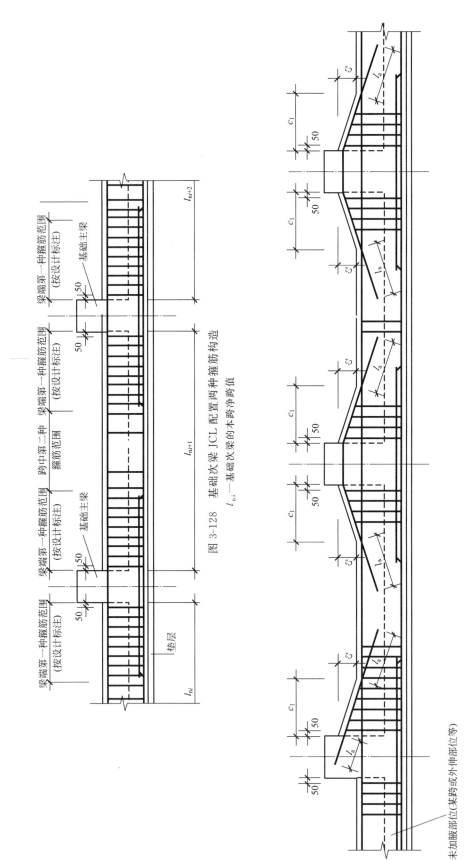

图 3-128　基础次梁 JCL 配置两种箍筋构造

l_{ni}—基础次梁的本跨净跨值

图 3-129　基础次梁竖向加腋钢筋构造

c_1—腋长；c_2—腋高；l_a—受拉钢筋锚固长度

3.8.3　基础次梁梁底不平和变截面部位钢筋构造

3.8.3.1　梁顶有高差

梁顶有高差构造如图 3-130 所示。

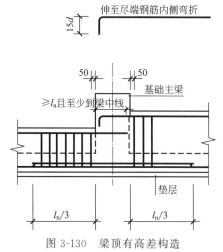

图 3-130　梁顶有高差构造

d—钢筋直径；l_n—相邻两跨跨度值的较大值；l_a—受拉钢筋锚固长度

梁顶面标高高的梁顶部纵筋伸至尽端内侧弯折，弯折长度为 $15d$。梁顶面标高低的梁上部纵筋锚入基础梁内长度 $\geqslant l_a$ 截断即可。

3.8.3.2　梁底有高差

梁底有高差构造如图 3-131 所示。

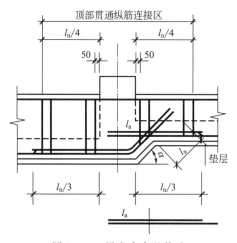

图 3-131　梁底有高差构造

l_n—相邻两跨跨度值的较大值；l_a—受拉钢筋锚固长度；α—板底高差坡度

底面标高低的基础次梁底部钢筋斜伸至梁底面标高高的梁内，锚固长度为 l_a；梁底面标高高的梁底部钢筋锚固长度 $\geqslant l_a$ 截断即可。

3.8.3.3　梁底、梁顶均有高差

当梁底、梁顶均有高差时，基础次梁梁顶面标高高的梁顶部纵筋伸至尽端内侧弯折，弯折长度为 $15d$。梁顶面标高低的梁上部纵筋锚入基础梁内长度 $\geqslant l_a$ 截断即可；底面标高低的

基础次梁底部钢筋斜伸至梁底面标高高的梁内，锚固长度为 l_a；梁底面标高高的梁底部钢筋锚固长度 $\geqslant l_a$ 截断即可。梁底、梁顶均有高差钢筋构造如图 3-132 所示。

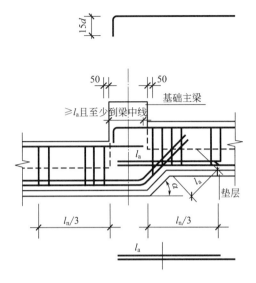

图 3-132　梁底、梁顶均有高差钢筋构造

d—钢筋直径；l_n—相邻两跨跨度值的较大值；l_a—受拉钢筋锚固长度；α—板底高差坡度

3.8.3.4　支座两边梁宽不同

支座两边梁宽不同钢筋构造如图 3-133 所示。

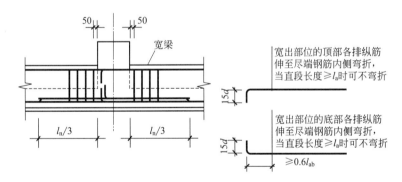

图 3-133　支座两边梁宽不同钢筋构造

d—钢筋直径；l_n—相邻两跨跨度值的较大值；l_a—受拉钢筋锚固长度；l_{ab}—受拉钢筋基本锚固长度

（1）宽出部位的顶部各排纵筋伸至尽端钢筋内侧弯折 $15d$，当直段长度 $\geqslant l_a$ 时可不弯折。

（2）宽出部位的底部各排纵筋伸至尽端钢筋内侧弯折 $15d$，弯折水平段长度 $\geqslant 0.6 l_{ab}$；当直段长度 $\geqslant l_a$ 时可不弯折。

3.8.4　梁板式筏形基础平板钢筋构造

3.8.4.1　LPB 钢筋构造

梁板式筏形基础平板钢筋构造如图 3-134 所示。基础平板同一层面的交叉纵筋，何向纵筋在下、何向纵筋在上，应按具体设计说明。

3.8.4.2　LPB 端部与外伸部位钢筋构造

（1）端部等截面外伸构造如图 3-135 所示。

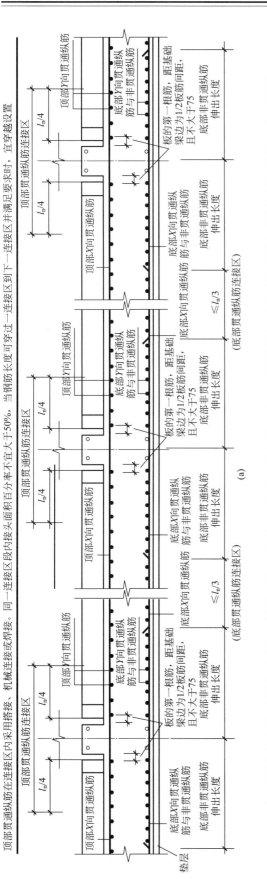

图 3-134　梁板式筏形基础平板钢筋构造

（a）柱下区域；（b）跨中区域

l_n—相邻两跨跨度值的较大值

① 底部贯通纵筋伸至外伸尽端（留保护层），向上弯折 $12d$。

② 顶部钢筋伸至外伸尽端向下弯折 $12d$。

③ 无须延伸到外伸段顶部的纵筋，其伸入梁内水平段的长度不小于 $12d$，且至少到支座中线。

（2）端部变截面外伸构造如图 3-136 所示。

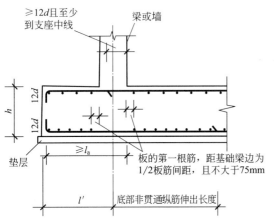 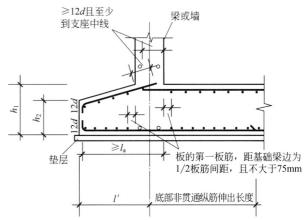

图 3-135　梁板式筏形基础端部等截面外伸构造
d—钢筋直径；l_a—受拉钢筋锚固长度；l'—筏板
底部非贯通纵筋伸出长度；h—基础平板截面高度

图 3-136　梁板式筏形基础端部变截面外伸构造
d—钢筋直径；l_a—受拉钢筋锚固长度；l'—伸出
部位端部至边柱柱列中线距离；h_1—根部
截面高度；h_2—尽端截面高度

① 底部贯通纵筋伸至外伸尽端（留保护层），向上弯折 $12d$。

② 非外伸段顶部钢筋伸至伸入梁内水平段长度不小于 $12d$，且至少到梁中线。

③ 外伸段顶部纵筋伸入梁内长度不小于 $12d$，且至少到支座中线。

（3）端部无外伸构造如图 3-137 所示。

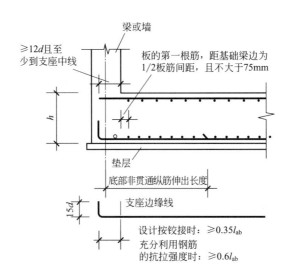

图 3-137　梁板式筏形基础端部无外伸构造
h—基础平板截面高度；d—钢筋直径；l_{ab}—受拉钢筋基本锚固长度

① 板的第一根筋，距基础梁边为 1/2 板筋间距，且不大于 75。

② 底板贯通纵筋与非贯通纵筋均伸至尽端钢筋内侧，向上弯折 $15d$，且从基础梁内侧起，伸入梁端部且水平段长度由设计指定。底部非贯通纵筋，从基础梁内边缘向跨内的延伸长度由设计指定。

③ 顶部板筋伸至基础梁内的水平段长度不小于 $12d$，且至少到支座中线。

3.8.4.3 LPB 变截面部位钢筋构造

（1）板顶有高差。板顶有高差构造如图 3-138 所示。

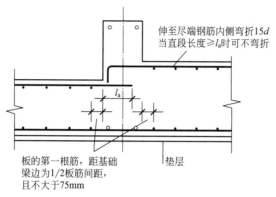

图 3-138 板顶有高差构造

d—钢筋直径；l_a—受拉钢筋锚固长度

① 板顶部顶面标高高的板顶部贯通纵筋伸至端部弯折 $15d$，当直段长度 $\geq l_a$ 时可不弯折；板顶部顶面标高高的板顶部贯通纵筋锚入梁内 l_a 截断即可。

② 板的第一根筋，距梁边距离为 $\max(s/2, 75\text{mm})$。

（2）板底有高差。板底有高差构造如图 3-139 所示。

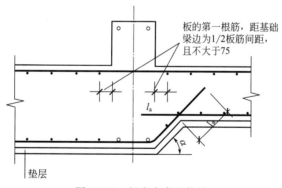

图 3-139 板底有高差构造

l_a—受拉钢筋锚固长度；α—板底高差坡度

① 底面标高低的基础平板底部钢筋斜伸至梁底面标高高的梁内，锚固长度为 l_a；底面标高高的平板底部钢筋锚固长度 $\geq l_a$ 截断即可。

② 板的第一根筋，距梁边距离为 $\max(s/2, 75\text{mm})$。

（3）板顶、板底均有高差。当板顶、板底均有高差，板顶面标高高的板顶部纵筋伸至尽端内侧弯折，弯折长度为 $15d$。板顶面标高低的板上部纵筋锚入基础梁内长度 $\geq l_a$ 截断即可；底面标高低的基础平板底部钢筋斜伸至梁底面标高高的梁内，锚固长度为 l_a；底面标高高的平板底部钢筋锚固长度取 l_a 截断即可。如图 3-140 所示。

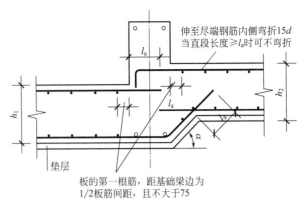

图 3-140　板顶、板底均有高差

d—钢筋直径；l_a—受拉钢筋锚固长度；h_1—根部截面高度；h_2—尽端截面高度；α—板底高差坡度

3.8.5　平板式筏形基础钢筋构造

3.8.5.1　平板式筏形基础柱下板带与跨中板带纵向钢筋构造

平板式筏形基础相当于倒置的无梁楼盖。理论上，平板式筏形基础有条件划分板带时，可划分为柱下板带 ZXB 和跨中板带 KZB 两种；无条件划分板带时，按平板式筏形基础平板 BPB 考虑。

柱下板带 ZXB 和跨中板带 KZB 纵向钢筋构造如图 3-141 所示。

（1）不同配置的底部贯通纵筋，应在两毗邻跨中配置较小一跨的跨中连接区连接（即配置较大一跨的底部贯通纵筋，需超过其标注的跨数终点或起点，伸至毗邻跨的跨中连接区）。

（2）柱下板带与跨中板带的底部贯通纵筋，可在跨中 1/3 净跨长度范围内搭接连接、机械连接或焊接；柱下板带及跨中板带的顶部贯通纵筋，可在柱网轴线附近 1/4 净跨长度范围内采用搭接连接、机械连接或焊接。

（3）基础平板同一层面的交叉纵筋，何向纵筋在下，何向纵筋在上，应按具体设计说明。

3.8.5.2　平板式筏形基础平板 BPB 钢筋构造

（1）平板式筏形基础平板钢筋构造（柱下区域）如图 3-142 所示。

① 底部附加非贯通纵筋自梁中线到跨内的伸出长度 $\geqslant l_n/3$（l_n 为基础平板的轴线跨度）。

② 当底部贯通纵筋直径不一致时，当某跨底部贯通纵筋直径大于邻跨时，如果相邻板区板底一平，则应在两毗邻跨中配置较小一跨的跨中连接区内进行连接。

③ 顶部贯通纵筋按全长贯通设置，连接区的长度为正交方向的柱下板带宽度。

④ 跨中部位为顶部贯通纵筋的非连接区。

（2）平板式筏形基础平板钢筋构造（跨中区域）如图 3-143 所示。

① 顶部贯通纵筋按全长贯通设置，连接区的长度为正交方向的柱下板带宽度。

② 跨中部位为顶部贯通纵筋的非连接区。

3.8.5.3　平板式筏形基础变截面部位钢筋构造

平板式筏形基础平板变截面部位钢筋构造可分为以下几种情况。

（1）板顶有高差。板顶有高差构造如图 3-144 所示。

板顶部顶面标高高的板顶部贯通纵筋伸至端部弯折，弯折长度从板顶部顶面标高低的梁顶面开始算起，弯折长度为 l_a；板顶部顶面标高低的板顶部贯通纵筋锚入梁内 l_a 截断即可。

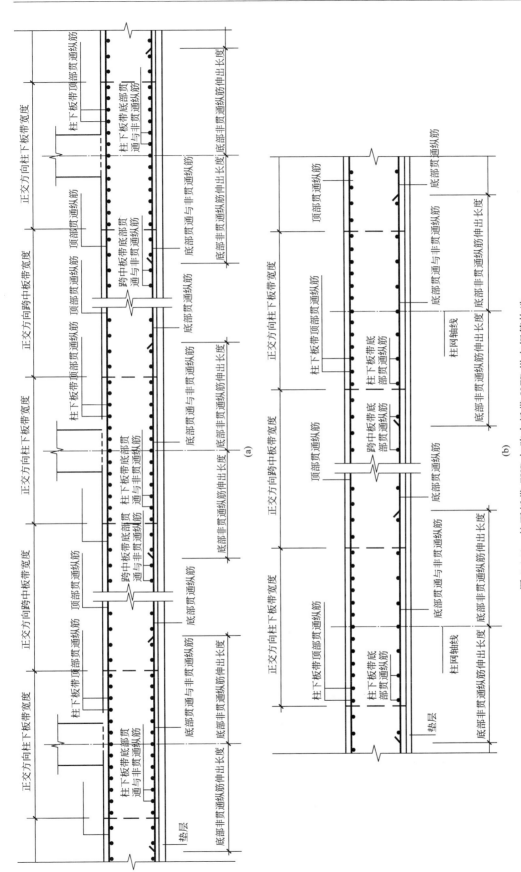

图 3-141 柱下板带 ZXB 与跨中板带 KZB 纵向钢筋构造
(a) 柱下板带 ZXB 纵向钢筋构造；(b) 跨中板带 KZB 纵向钢筋构造

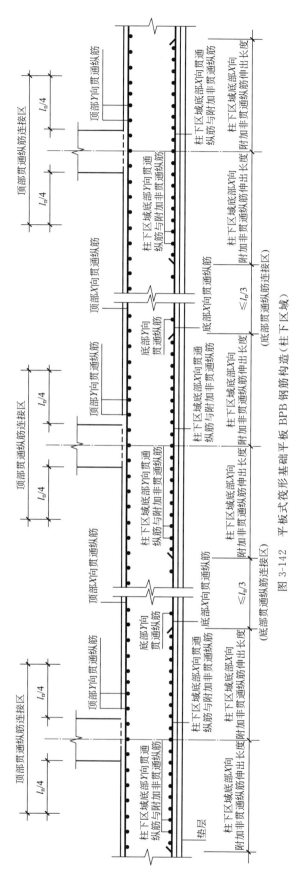

图 3-142　平板式筏形基础平板 BPB 钢筋构造（柱下区域）

l_n—相邻两跨两跨度值的较大值

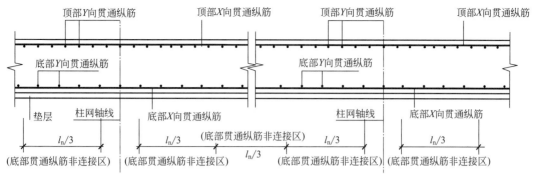

图 3-143 平板式筏形基础平板钢筋构造（跨中区域）

l_n—相邻两跨跨度值的较大值

（2）板底有高差。板底部有高差构造如图 3-145 所示。

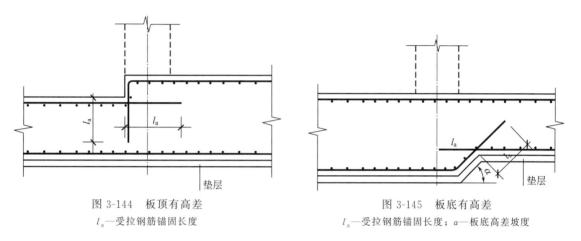

图 3-144 板顶有高差

l_a—受拉钢筋锚固长度

图 3-145 板底有高差

l_a—受拉钢筋锚固长度；α—板底高差坡度

底面标高低的基础平板底部钢筋斜伸至梁底面标高高的梁内，锚固长度为 l_a；底面标高高的平板底部钢筋锚固长度取 l_a 截断即可。

（3）板顶、板底均有高差。当板顶、板底均有高差时，板顶部顶面标高高的板顶部贯通纵筋伸至端部弯折，弯折长度从板顶部顶面标高低的梁顶面开始算起，弯折长度为 l_a；板顶部顶面标高低的板顶部贯通纵筋锚入梁内 l_a 截断即可；底面标高低的基础平板底部钢筋斜伸至梁底面标高高的梁内，锚固长度为 l_a；底面标高高的平板底部钢筋锚固长度取 l_a 截断即可。具体如图 3-146 所示。

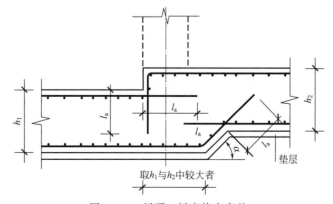

取 h_1 与 h_2 中较大者

图 3-146 板顶、板底均有高差

l_a—受拉钢筋锚固长度；h_1—根部截面高度；h_2—尽端截面高度；α—板底高差坡度

（4）变截面部位中层钢筋构造。平板式筏形基础平板变截面部位中层钢筋构造如图 3-147 所示。

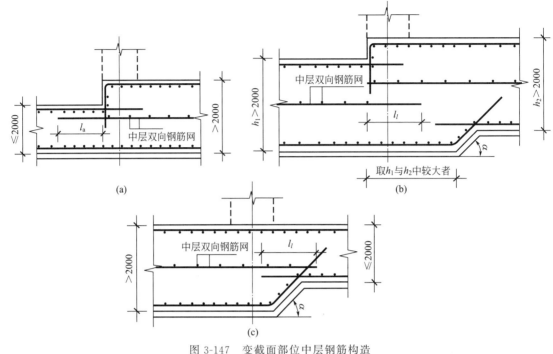

图 3-147 变截面部位中层钢筋构造

（a）板顶有高差；（b）板顶、板底均有高差；（c）板底有高差

l_n—受拉钢筋锚固长度；l_l—纵向受拉钢筋搭接长度；h_1—板根部截面高度；h_2—板尽端截面高度；α—板底高差坡度

中层双向钢筋网直径不宜小于 12mm，间距不宜大于 300mm。

3.8.5.4 平板式筏形基础平板端部与外伸部位钢筋构造

（1）端部无外伸。

① 端部为外墙时，平板式筏形基础平板无外伸部位顶部钢筋直锚入外墙内，锚固长度≥ 12d，且至少到墙中线；底部钢筋伸至尽端后弯折，弯折长度为 12d，弯折水平段长度≥ 0.6l_{ab} 且至少到墙中线，如图 3-148 所示。

② 端部为边梁时，平板式筏形基础平板无外伸部位顶部钢筋直锚入外墙内，锚固长度≥

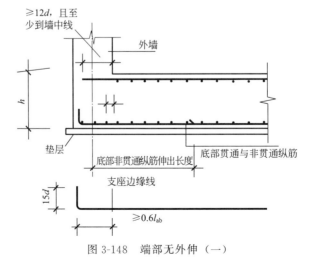

图 3-148 端部无外伸（一）

d—钢筋直径；h—沿基础梁跨度方向的柱截面高度；l_{ab}—受拉钢筋基本锚固长度

$12d$，且至少到梁中线。板的第一根筋，距梁边为 max（$s/2$，75mm）；底部钢筋伸至尽端后弯折，弯折长度为 $12d$，弯折水平段长度从梁内边算起，当设计按铰接时应$\geqslant 0.35l_{ab}$，当充分利用钢筋抗拉强度时应$\geqslant 0.6l_{ab}$，如图 3-149 所示。

（2）端部等截面外伸。当端部等截面外伸时，板顶部钢筋伸至尽端后弯折，弯折长度为 $12d$；板底部钢筋伸至尽端后弯折，弯折长度为 $12d$，筏板底部非贯通纵筋伸出长度 l' 应由具体工程设计确定，如图 3-150 所示。

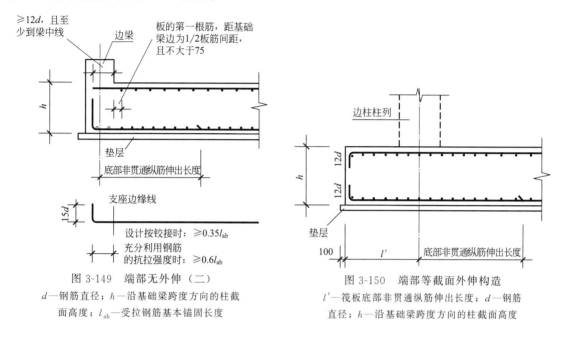

图 3-149 端部无外伸（二）

d—钢筋直径；h—沿基础梁跨度方向的柱截面高度；l_{ab}—受拉钢筋基本锚固长度

图 3-150 端部等截面外伸构造

l'—筏板底部非贯通纵筋伸出长度；d—钢筋直径；h—沿基础梁跨度方向的柱截面高度

3.8.5.5 板边缘侧面封边构造

在板外伸构造中，板边缘需要进行封边。封边构造有 U 形筋构造封边方式和纵筋弯钩交错封边方式两种，如图 3-151 所示。

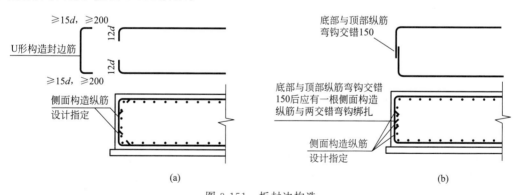

图 3-151 板封边构造

（a）U 形筋构造封边方式；（b）纵筋弯钩交错封边方式

d—钢筋直径

（1）底部钢筋伸至端部弯折 $12d$；另配置 U 形封边筋（该筋直段长度等于板厚减去 2 倍保护层厚度，两端均弯直钩 $15d$ 且不小于 200mm）及侧部构造筋。

（2）纵筋弯钩交错封边顶部与底部纵筋交错搭接 150mm，并设置侧部构造筋。底部与顶部纵筋弯钩交错 150mm 后应有一根侧面构造纵筋与两交错弯钩绑扎。

第4章
平法钢筋识图实例

4.1 柱构件平法识图实例

【实例4-1】 柱平法施工图（列表注写方式）识读

柱平法施工图（列表注写方式）如图2-1所示。

从图2-1中可以看出：

（1）柱表中"KZ1"表示编号为1的框架柱，"XZ1"表示编号为1的芯柱。

（2）数值"750×700"表示 $b=750\text{mm}$，$h=700\text{mm}$。

（3）$b_1=375\text{mm}$，$b_2=375\text{mm}$，$h_1=150\text{mm}$，$h_2=550\text{mm}$，四个数据用来定位柱中心与轴线之间的关系。

（4）角筋是布置于框架柱四个柱角部的钢筋。

（5）箍筋类型1中：m 表示 b 方向钢筋肢数，n 表示 h 方向钢筋肢数。

（6）"φ10@100/200"表示钢筋直径为10mm，钢筋强度等级为HPB300级，箍筋在柱的加密区范围内间距为100mm，非加密区间距为200mm。用"/"将箍筋加密区与非加密区分隔开来。

（7）第三行框架柱中全部纵筋为：角筋4 Φ 22，b 截面中部配有5 Φ 22，h 截面中部配有4 Φ 20，箍筋类型1（4×4）。

（8）箍筋"φ10@100"表示框架柱高范围内配置箍筋直径为10mm，钢筋强度等级为HPB300级，柱全高度范围内加密，加密间距为100mm。

【实例4-2】 柱平法施工图（截面注写方式）识读

柱平法施工图（截面注写方式）如图2-4所示。

从图2-4中可以看出：

（1）①轴线交于⑤轴线处，"KZ1"表示编号为1的框架柱；"650×600"表示框架柱截面尺寸 $b×h$，$b=650\text{mm}$，$h=600\text{mm}$；4 Φ 22表示框架柱角部配置钢筋直径为22mm，钢筋强度等级为HRB400级的角筋；"φ10@100/200"表示框架柱中配置有钢筋强度等级为HPB300级、钢筋直径为10mm的箍筋，箍筋加密区间距为100mm，箍筋非加密区间距为200mm；框架柱截面上下两边中部各配置（均匀布置）有五根钢筋强度等级为HRB400级、钢筋直径为22mm的纵向钢筋；框架柱截面左右两边中部各配置（均匀布置）有四根钢筋强度等级为HRB400级、钢筋直径为20mm的纵向钢筋。

（2）⑧轴线交于⑥轴线处："KZ2"表示编号为2的框架柱；"650×600"表示框架柱截面尺寸 $b×h$，$b=650\text{mm}$，$h=600\text{mm}$；"22 Φ 22"表示框架柱纵向配置22根钢筋直径为22mm、钢筋强度等级为HRB400级的受力钢筋，其中四根钢筋布置于柱截面的四个角部，剩余18根钢筋的位置以柱截面中钢筋的布置示意位置为准；"φ10@100/200"表示框架柱中配置有钢筋强度等级为 HPB300 级、钢筋直径为 10mm 的箍筋，箍筋加密区间距为 100mm，箍筋非加密区间距为 200mm。

【实例 4-3】　钢筋混凝土柱构件详图识读

钢筋混凝土柱构件详图如图 4-1 所示。

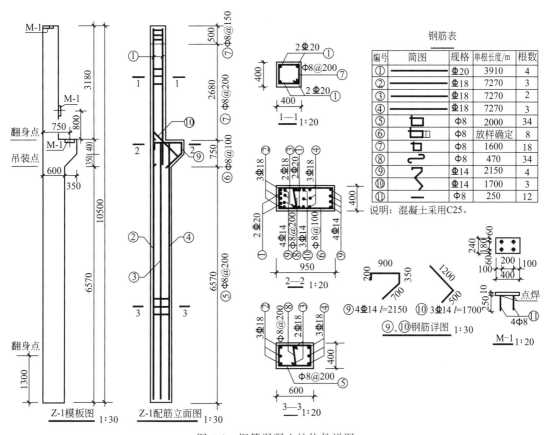

图 4-1　钢筋混凝土柱构件详图

从图 4-1 中可以看出：

（1）柱的形状尺寸。图 4-1 的模板图为柱的立面图，结合柱的配筋断面图 1—1、2—2、3—3 可确定该柱的形状尺寸。该柱一侧有牛腿，上柱的断面为 400mm×400mm，牛腿部位断面为 400mm×950mm，下柱的断面为 400mm×600mm。

（2）柱的配筋。柱的配筋由配筋立面图、配筋断面图、钢筋大样图和钢筋表共同表达。

① 首先识读上柱配筋。由配筋立面图和 1—1 断面图可知，上柱受力筋为 4 根 HRB400 级钢筋，直径 20mm，分布在四角，箍筋为 HPB300 级钢筋，直径 8mm，间距 200mm，距上柱顶部 500mm 范围是箍筋加密区，间距 150mm。

② 然后识读下柱配筋。由配筋立面图和 3—3 断面图可知，下柱受力筋为 8 根 HRB400 级钢筋，直径 18mm，箍筋为 HPB300 级钢筋，直径 8mm，间距 200mm。

③ 最后识读牛腿部位的配筋。由配筋立面图可知上、下柱的受力筋都伸入牛腿，使上、下柱连成一体。由于牛腿部位要承受吊车梁的荷载，所以该处钢筋需要加强，由配筋立面图、2—2 断面图以及钢筋详图可知，牛腿部位配置了编号为⑨和⑩的加强弯筋，⑨号筋为 4 根 HRB400 级钢筋，直径 14mm，⑩号筋为 3 根 HRB400 级钢筋，直径 14mm。牛腿部位的箍筋为 HPB300 级钢筋，直径 8mm，间距 100mm，形状随牛腿断面逐步变化。

（3）埋件图及其他。在该钢筋混凝土柱上设计有多个预埋件。模板图中标注了预埋件的确切位置，上柱顶部的预埋件用于连接屋架，上柱内侧靠近牛腿处和牛腿顶面的两个预埋件用于连接吊车梁。图 4-1 右上角给出了预埋件 M-1 的构造详图，详细表达了预埋钢板的形状尺寸和锚固钢筋的数量、强度等级和直径。

另外，在模板图中还标注了翻身点和吊装点。由于该柱是预制构件，在制作、运输和安装过程中需要将构件翻身和吊起，如果翻身或吊起的位置不对，可能使构件破坏，因此需要根据力学分析确定翻身和吊起的合理位置，并进行标记。

4.2 剪力墙平法识图实例

【实例 4-4】 某剪力墙平法施工图识读

某剪力墙平法施工图如图 4-2 所示。

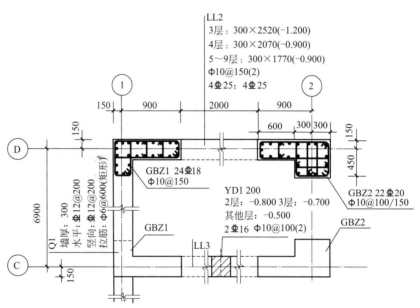

图 4-2 某剪力墙平法施工图

从图 4-2 中可以看出：

（1）构造边缘端柱 2。纵筋全部为 22 根直径为 20mm 的 HRB400 级钢筋；箍筋为 HPB300 级钢筋，直径 10mm，加密区间距 100mm、非加密区间距 150mm 布置；X 向截面定位尺寸，自轴线向左 900mm；凸出墙部位，X 向截面定位尺寸，自轴线向两侧各 300mm；凸出墙部位，Y 向截面定位尺寸，自轴线向上 150mm，向下 450mm。

（2）剪力墙身 1 号（设置 1 排钢筋）。墙身厚度 300mm；水平分布筋用 HRB400 级钢筋，直径 12mm，间距 200mm；竖向分布筋用 HRB400 级钢筋，直径 12mm，间距 200mm；墙身拉筋是 HPB300 级钢筋，直径 6mm，间距 300mm（矩形）。

（3）连梁 2。3 层连梁截面宽为 300mm，高为 2520mm，梁顶低于 3 层结构层标高 1.200m；4 层连梁截面宽为 300mm，高为 2070mm，梁顶低于 4 层结构层标高 0.900m；5～9 层连梁截面宽为 300mm，高为 1770mm，梁顶低于对应结构层标高 0.900m；箍筋是 HPB300 级钢筋，直径 10mm，间距 150mm（双肢箍）；梁上部纵筋使用 4 根 HRB400 级钢筋，直径 25mm；下部纵筋用 4 根 HRB400 级钢筋，直径 25mm。

【实例4-5】 某洞口平法施工图识读

某洞口平法施工图如图4-3所示。

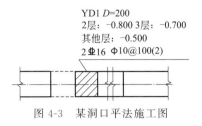

图 4-3　某洞口平法施工图

从图4-3中可以看出：

(1) 圆形洞口1号。

(2) 洞口直径是200mm。

(3) 在2层，此洞口中心比2层楼面结构标高低0.800m。

(4) 在3层，此洞口中心比3层楼面结构标高低0.700m。

(5) 在其他层，此洞口中心比对应层楼面结构标高低0.500m。

(6) 洞口上下两边设置补强钢筋，补强纵筋为HRB400级钢筋，直径16mm。

(7) 补强箍筋为HPB300级钢筋，直径10mm，间距100mm，全部为双肢箍。

【实例4-6】 地下室外墙水平钢筋图识读

地下室外墙水平钢筋构造如图4-4所示。

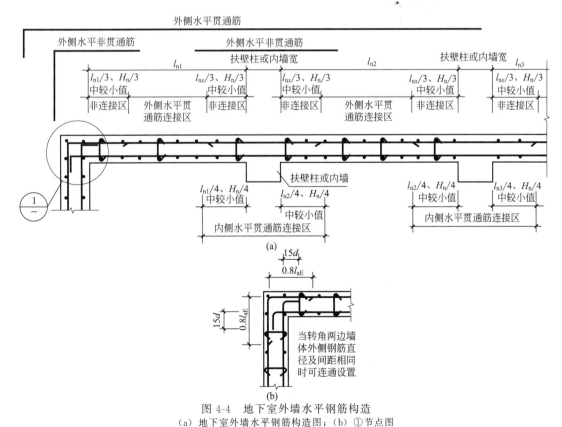

图 4-4　地下室外墙水平钢筋构造

(a) 地下室外墙水平钢筋构造图；(b) ①节点图

l_{aE}—受拉钢筋抗震锚固长度；d—钢筋直径；l_{n1}、l_{n2}、l_{n3}、l_{nx}—边跨的净跨长度；H_n—所在楼层层高

从图 4-4 中可以看出：

（1）地下室外墙水平钢筋分为：外侧水平贯通筋、外侧水平非贯通筋，内侧水平贯通筋。

（2）角部节点构造（"①"节点）：地下室外墙外侧水平筋在角部搭接，搭接长度 "$1.6l_{aE}$" ——"当转角两边墙体外侧钢筋直径及间距相同时可连通设置"；地下室外墙内侧水平筋伸至对边后弯 $15d$ 直钩。

（3）外侧水平贯通筋非连接区：端部节点 "$l_{n1}/3$，$H_n/3$ 中较小值"，中间节点 "$l_{nx}/3$，$H_n/3$ 中较小值"；外侧水平贯通筋连接区为相邻"非连接区"之间的部分。（"l_{nx} 为相邻水平跨的较大净跨值，H_n 为本层净高"）

【实例4-7】 地下室外墙竖向钢筋图识读

地下室外墙竖向钢筋构造如图 4-5 所示。

从图 4-5 中可以看出：

（1）地下室外墙竖向钢筋分为：外侧竖向贯通筋、外侧竖向非贯通筋，内侧竖向贯通筋，还有"墙顶通长加强筋"（按具体设计）。

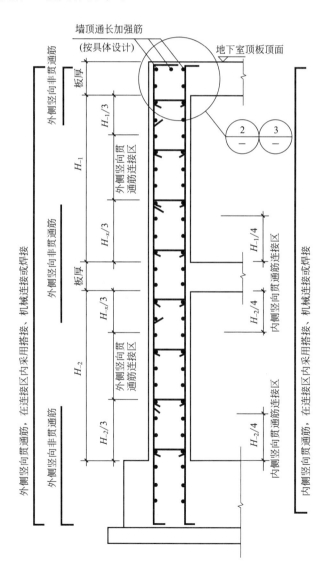

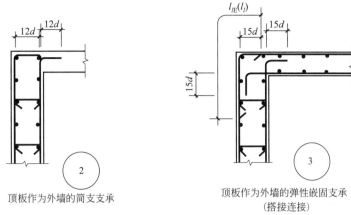

图 4-5 地下室外墙竖向钢筋构造

l_{lE}—纵向受拉钢筋抗震搭接长度；l_l—纵向受拉钢筋搭接长度；d—钢筋直径；H_{-1}、H_{-2}、H_{-x}—所在楼层层高

（2）角部节点构造。

①"②"节点（顶板作为外墙的简支支承）。地下室外墙外侧和内侧竖向钢筋伸至顶板上部弯 $12d$ 直钩。

②"③"节点（顶板作为外墙的弹性嵌固支承）。地下室外墙外侧竖向钢筋与顶板上部纵筋搭接"l_{lE}（l_l）"；顶板下部纵筋伸至墙外侧后弯 $15d$ 直钩；地下室外墙内侧竖向钢筋伸至顶板上部弯 $15d$ 直钩。

（3）外侧竖向贯通筋非连接区：底部节点"$H_{-2}/3$"，中间节点为两个"$H_{-x}/3$"，顶部节点"$H_{-1}/3$"；外侧竖向贯通筋连接区为相邻"非连接区"之间的部分。（"H_{-x} 为 H_{-1} 和 H_{-2} 的较大值"）

内侧竖向贯通筋连接区：底部节点"$H_{-2}/4$"，中间节点为楼板之下部分"$H_{-2}/4$"，楼板之上部分"$H_{-1}/4$"。

4.3 梁构件平法识图实例

【实例 4-8】 某钢筋混凝土梁结构详图识读

某钢筋混凝土梁结构详图如图 4-6 所示。

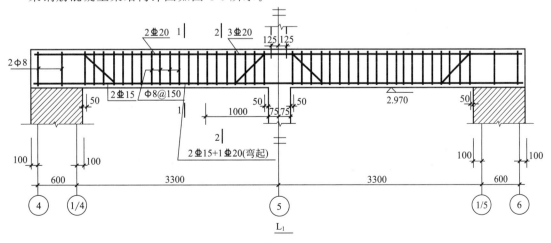

图 4-6

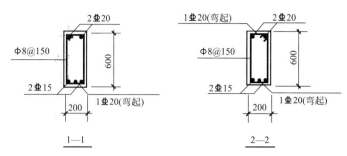

图 4-6   某钢筋混凝土梁结构详图

从图 4-6 中可以看出：

（1）图 4-6 为两跨钢筋混凝土梁的立面图和断面图。

（2）该梁的两端搁置在砖墙上，中间与钢筋混凝土柱连接。由于两跨梁上的断面、配筋和支承情况完全对称，则可在中间对称轴线（轴线⑤）的上、下端部画上对称符号。这时只需要在梁的左边一跨内画出钢筋的配置详图（图中右边一跨也画出了钢筋配置，当画出对称符号后，右边一跨可以只画梁外形），并标注出各种钢筋的尺寸。

（3）梁的跨中下面配置三根钢筋（即 2Φ15＋1Φ20），中间的一根Φ20 钢筋在近支座处按 45°方向弯起，弯起钢筋上部弯平点的位置离墙或柱边缘距离为 50mm。墙边弯起钢筋伸入到靠近梁的端面（留一保护层厚度）；柱边弯起钢筋伸入梁的另一跨内，距下层柱边缘为 1000mm。由于 HRB400 级钢筋的端部不做弯钩，因此在立面图中当几根纵向钢筋的投影重叠时，就反映不出钢筋的终端位置。现规定用 45°方向的短粗线作为无弯钩钢筋的终端符号。

（4）梁的上面配置两根通长筋（即 2Φ20），箍筋为Φ8@150。按构造要求，靠近墙或柱边缘的第一道箍筋的距离为 50mm，即与弯起钢筋上部弯平点位置一致。在梁的进墙支座内布置两道箍筋。梁的断面形状、大小及不同断面的配筋，则用断面图表示。1—1 为跨中断面，2—2 为近支座处断面。除了详细注出梁的定形尺寸和钢筋尺寸外，还应注明梁底的结构标高。

【实例 4-9】 某现浇钢筋混凝土梁配筋图识读

某现浇钢筋混凝土梁配筋图如图 4-7 所示。

从图 4-7 中可以看出：

（1）该梁设置 4 种不同编号的钢筋。①号钢筋在梁的底部是受力筋，2Φ15 表示有 2 根 HRB400 级钢筋，直径为 15mm；②号钢筋是弯起钢筋，用 1Φ15 表示，说明梁底部设有 1 根 HRB400 级钢筋，直径为 15mm；③号钢筋在梁的上部是架立筋，2Φ10 表示布置了 2 根 HRB400 级钢筋，直径为 10mm；④号钢筋是箍筋，Φ6@150 表示 HPB300 级钢筋、直径为 6mm，在整个梁竖直方向每间隔 150mm 均匀排放（其间隔指从箍筋直径中心到另一箍筋直径中心之距）。

（2）从图中 1—1 剖面图、2—2 剖面图可知，①号钢筋在梁底部的两侧；从图 4-6 （b）中可以看出②号钢筋在梁底部的中间；从图 4-6（c）中可以看出②号钢筋在梁上部中间，可见它是弯起钢筋；③号钢筋在上部两侧为架立筋；从图 4-6 （d）中可以看出④号箍筋形状是矩形。

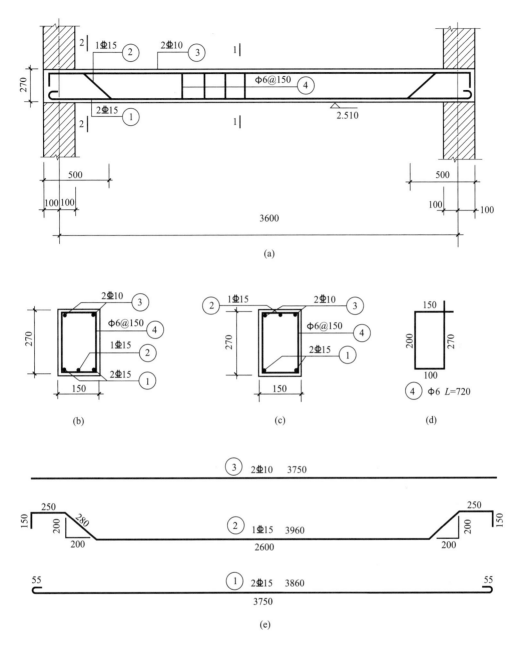

图 4-7　现浇钢筋混凝土梁配筋图

（a）平面图；（b）1—1 剖面图；（c）2—2 剖面图；（d）简图（一）；（e）简图（二）

4.4　板构件平法识图实例

【实例 4-10】　钢筋混凝土现浇板配筋图识读

钢筋混凝土现浇板配筋图如图 4-8 所示。

从图 4-8 中可以看出：

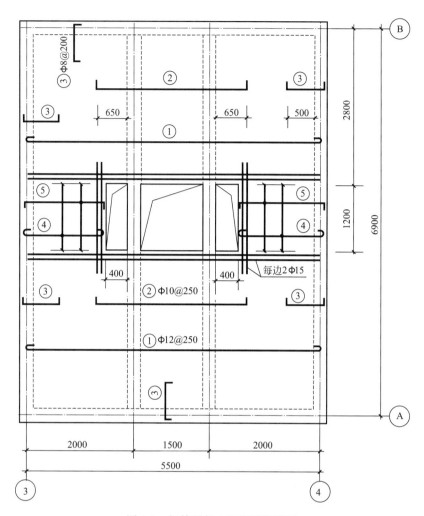

图 4-8　钢筋混凝土现浇板配筋图

在该块板中，①号钢筋为 HPB300 级钢筋，直径 12mm，间距 250mm，两端半圆弯钩向上，配置在板底层；②号钢筋 HPB300 级钢筋，直径 10mm，间距 250mm，两端直弯钩向上，配置在板顶层；③号钢筋 HPB300 级钢筋，直径 8mm，间距 200mm，两端直弯钩向右或向上，配置在板顶层四周支座处；另外，板上留有洞口，在洞口周边配有加强钢筋每边 2Φ15，洞口两侧的板上还配置了④号、⑤号两种钢筋。

【实例 4-11】　槽形板结构图识读

槽形板结构图如图 4-9 所示。

从图 4-9 中可以看出：

（1）当板肋位于板的下面时，槽口向下，结构合理，为正槽板；当板肋位于板的上面时，槽口向上，为反槽板。

（2）槽形板的跨度为 3～7.2m，板宽为 500～1200mm，板肋高一般为 150～300mm。

（3）因为板肋形成了板的支点，板跨减小，所以板厚较小，只有 25～35mm。

（4）为了增加槽形板的刚度，也便于搁置，板的端部需设为端肋与纵肋相连。

（5）当板的长度超过 6m 时，需沿着板长每隔 1000～1500mm 增设横肋。

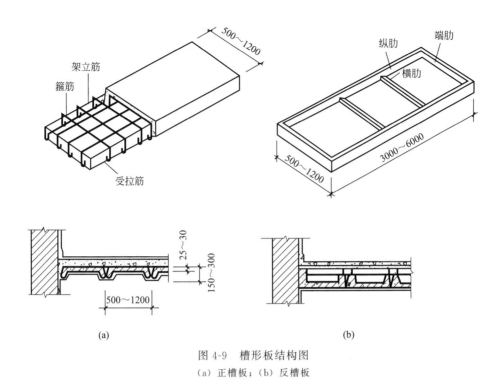

图 4-9　槽形板结构图

（a）正槽板；（b）反槽板

4.5　板式楼梯平法识图实例

【实例 4-12】　某板式楼梯平法施工图识读

某板式楼梯平法施工图如图 4-10 所示。

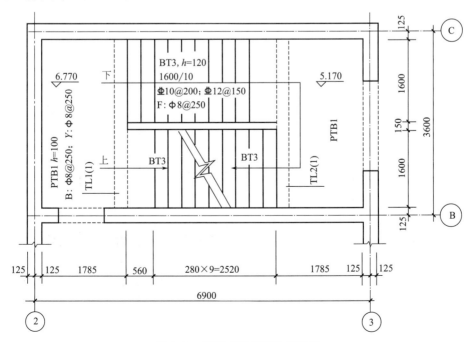

图 4-10　某板式楼梯平法施工图

从图 4-10 中可以看出：

（1）梯段板

① 编号、序号：BT3。

② 板厚：$h = 120\text{mm}$。

③ 踏步高度：1600mm，级数 10。

④ 梯板支座上部纵筋：$\Phi 10@200$；下部纵筋$\Phi 12@150$。

⑤ 分布筋：$\phi 8@250$。

⑥ 外围注写：踏步宽 $b_s = 280\text{mm}$，踏步级数 9，楼梯层间平台宽 1785mm，楼层平台宽 1785mm，楼梯间开间 3600mm，进深 6900mm。

（2）平台板

① 编号、序号：PTB1。

② 板厚：$h = 100\text{mm}$。

③ 板底短跨配筋/长跨配筋。

S：$\phi 8@250/L$：$\phi 8@250$。

④ 构造配筋：$\phi 8@250$ 均贯通。

【实例 4-13】 板式楼梯详图识读

板式楼梯详图如图 4-11 所示。

从图 4-11 中可以看出：

（1）表示某砌体结构工程中的一部楼梯，名为楼梯甲，该建筑物只有三层。

（2）该梯位于建筑平面中ⓒ～ⓓ和④～⑤轴之间，楼梯的开间尺寸为 2600mm，进深为 6000mm，梯段板编号为 TB1、TB2 两种；平台梁有三种，它们的代号分别为 TL1、TL2 和 TL3，平台梁支于梯间的构造柱上，它们的代号为 TZ1 和 TZ2 两种；两梯段板之间的间距为 100mm，因此每个梯段板的净宽为 1130mm；平台板宽度为 1400mm 减去半墙厚度，即为 1280mm；平台板四周均有支座；配筋分别为短向上层$\phi 8@150$，下层$\phi 6@150$；长向上层只有支座负筋，即$\phi 8@200$，下层$\phi 6@180$；板厚归入一般板型的厚度由设计总说明表述，即为 90mm；标高同梯段两端的对应标高。

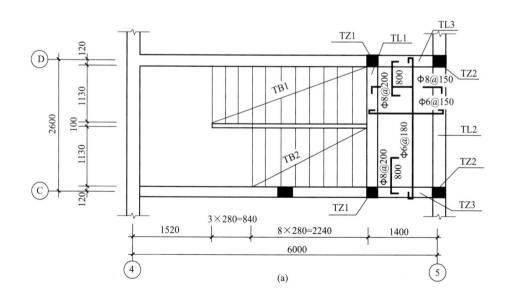

（a）

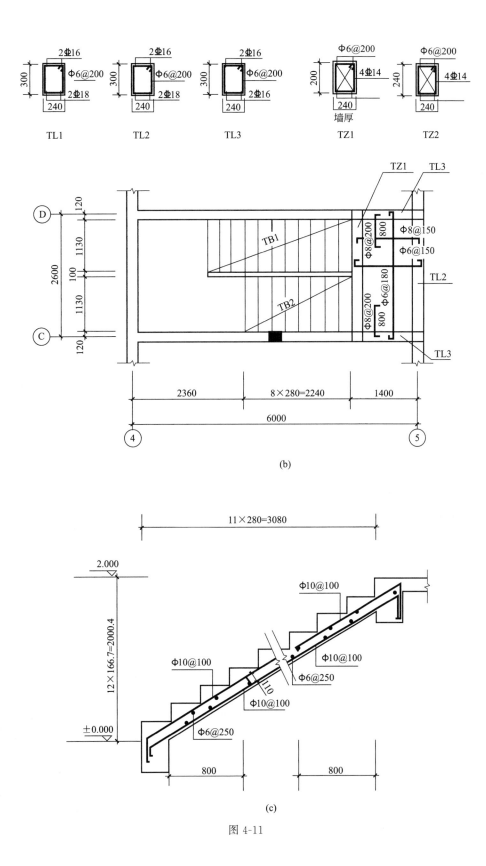

(b)

(c)

图 4-11

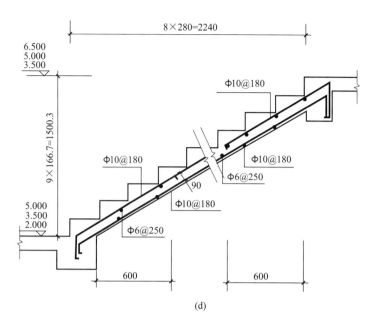

(d)

图 4-11　板式楼梯详图

（a）底层楼梯（甲）结构平面图；（b）二层楼梯（甲）结构平面图；（c）TB1；（d）TB2

（3）平台梁的长度为"2600＋2×120＝2840（mm）"，它们配筋及断面形状和尺寸见 TL1、TL2 和 TL3 的断面图，即 TL1 为矩形断面，尺寸为 200mm×300mm，顶筋为 2ϕ16，底筋为 2ϕ18，箍筋为ϕ6@200，其余平台梁仿此而读。

（4）楼梯中的构造柱的断面形状及配筋情况详见 TZ1 和 TZ2 断面图，即 TZ1 的断面尺寸为 200mm×240mm，其中"240mm"对应的边长即为梯间墙体的厚度，该柱纵向钢筋为 4ϕ14，箍筋为ϕ6@200，TZ1 仿此而读。

（5）梯段板 TB1 两端支于平台梁上，共 12 级踏步，踢面高度 166.7mm，踏面宽度 280mm，水平踏面 11 个，该板板厚 110mm，底部受力筋为ϕ10@100；两端支座配筋均为ϕ10@100，其长度的水平投影长为 800mm；板中分布筋为ϕ6@250，TB2 仿此而读。

4.6　独立基础构件平法识图实例

【实例 4-14】　某建筑独立基础平法施工图识读

某建筑独立基础平法施工图如图 4-12 所示。

从图 4-12 中可以看出：

（1）该建筑基础为普通独立基础，坡形截面普通独立基础有三种编号，分别为 DJ_p01、DJ_p02、DJ_p03；阶形截面普通独立基础有一种编号，为 DJ_j01。每种编号的基础选择了其中一个进行集中标注和原位标注。

（2）以 DJ_p02 为例进行识读。从标注中可以看出该基础平面尺寸为 2700mm×2700mm，竖向尺寸第一阶为 300mm，第二阶尺寸为 300mm，基础底板总高度为 600mm。柱子截面尺寸为 400mm×400mm。基础底板双向均配置直径 12mm 的 HRB400 级钢筋，分布间距均为 150mm。各轴线编号以及定位轴线间距，图中都已标出。

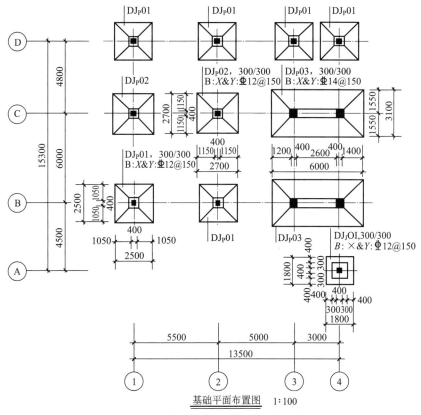

基础平面布置图   1:100

图 4-12　某建筑独立基础平法施工图

【实例 4-15】　某建筑独立基础平面图识读

某建筑独立基础平面图如图 4-13 所示。

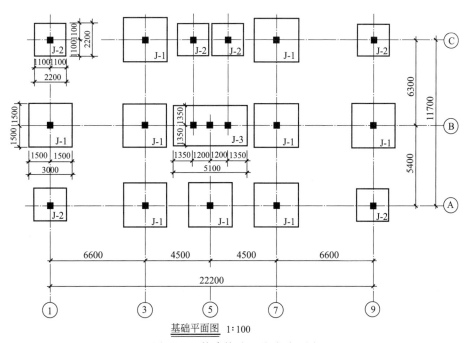

基础平面图 1:100

图 4-13　某建筑独立基础平面图

从图 4-13 中可以看出：

（1）图 4-13 的绘制比例为 1∶100。

（2）从图 4-13 中可看出该建筑基础采用的是柱下独立基础，图中涂黑的方块表示剖切到的钢筋混凝土柱，柱周围的细线方框表示柱下独立基础轮廓。定位轴网及轴间尺寸都已在图中标出。

（3）从图 4-13 中可以看出，独立基础共有 J-1、J-2、J-3 三种编号，每种基础的平面尺寸及与定位轴线的相对位置尺寸都已标出，如 J-1 的平面尺寸为 3000mm×3000mm，两方向定位轴线居中。

【实例 4-16】 某坡形独立基础平法施工图识读

某坡形独立基础平法施工图如图 4-14 所示。

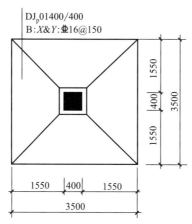

图 4-14 某坡形独立基础平法施工图

从图 4-14 中可以看出：

（1）编号：坡形独立基础 01 号。

（2）竖向截面尺寸：$h_1 = 400\text{m}$，$h_2 = 400\text{mm}$。

（3）基础底板配筋：X 和 Y 方向均配直径 16mm 的 HRB400 级钢筋，间距 15mm。

（4）独立基础两向边长：X、Y 都是 3500mm，柱截面尺寸 X_c、Y_c 都是 400mm；阶宽或坡形平面尺寸 X_i、Y_i 都是 1550mm。

4.7 条形基础构件平法识图实例

【实例 4-17】 某建筑条形基础平法施工图识读

某建筑条形基础平法施工图如图 4-15 所示。

从图 4-15 中可以看出：

（1）该建筑的基础为梁板式条形基础。

（2）基础梁有五种编号，分别为 JL01、JL02、JL03、JL04、JL05。下面以 JL01 为例进行识读。从集中标注中可看出，该梁为两跨两端有外伸，截面尺寸为 800mm×1200mm。箍筋为直径 10mm 的 HPB300 钢筋，间距 200mm，四肢箍。梁底部配置的贯通纵筋为 4 根直径 25mm 的 HRB400 级钢筋，梁顶部配置的贯通纵筋为 2 根直径 20mm 和 6 根直径 18mm 的 HRB400 级钢筋。梁的侧面共配置 6 根直径 18mm 的 HRB400 级抗扭钢筋，每侧配置 3 根，抗扭钢筋的拉筋

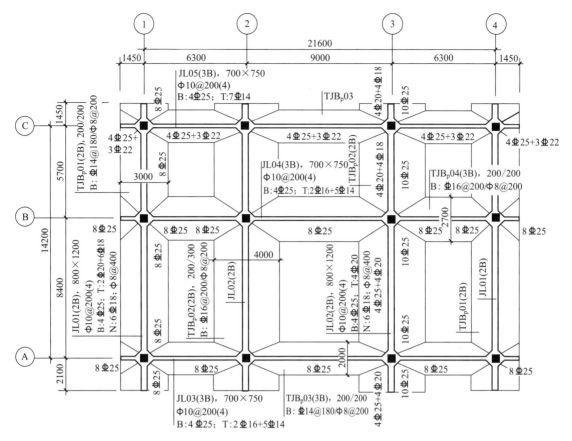

基础平面布置图 1:100

图 4-15　某建筑条形基础平法施工图

为直径 8mm 的 HPB300 级钢筋，间距 400mm。从原位标注中可看出，在Ⓐ、Ⓑ轴线之间的一跨，梁底部支座两侧（包括外伸部位）均配置 8 根直径 25mm 的 HRB400 级钢筋，其中 4 根为集中标注中注写的贯通纵筋，另外 4 根为非贯通纵筋。在Ⓑ、Ⓒ轴线之间的一跨，梁底部通长筋配置了 8 根直径 25mm 的 HRB400 级钢筋（包括集中标注中注写的 4 根贯通纵筋）。

（3）基础底板有四种编号，分别为 TJB$_p$01、TJB$_p$02、TJB$_p$03、TJB$_p$04。下面以 TJB$_p$01 为例进行识读。该条形基础底板为坡形底板，两跨两端有外伸。底板底部竖直高度为 200mm，坡形部分高度为 200mm，基础底板总厚度为 400mm。基础底板底部横向受力筋为直径 14mm 的 HRB400 级钢筋，间距 180mm；底部构造筋为直径 8mm 的 HPB300 级钢筋，间距 200mm。基础底板宽度为 3000mm，以轴线对称布置。各轴线间的尺寸，基础外伸部位的尺寸，图 4-15 中都已标出。

【实例 4-18】　某条形基础底板平法施工图识读

某条形基础底板平法施工图如图 4-16 所示。

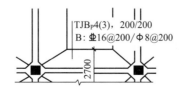

图 4-16　条形基础底板平法施工图

从图 4-16 中可以看出：

（1）编号：坡形基础底板 4 号，跨度为三跨。

（2）竖向截面尺寸：$h_1 = 200mm$，$h_2 = 200mm$。

（3）底部横向受力筋：为 HRB400 级钢筋，直径 16mm，按间距 200mm 设置；构造钢筋为 HPB300 级钢筋，直径 8mm，按间距 200mm 设置。

（4）基础底板总宽度：2700mm。

4.8　筏形基础构件平法识图实例

【实例 4-19】　某建筑梁板式筏形基础主梁平法施工图识读

某建筑梁板式筏形基础主梁平法施工图如图 4-17 所示。

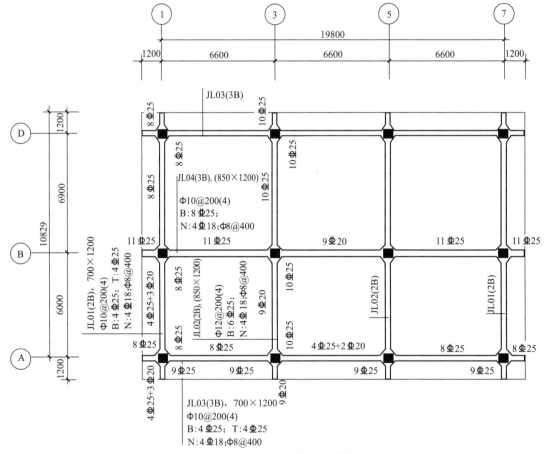

基础主梁平面布置图 1:100

图 4-17　某建筑梁板式筏形基础主梁平法施工图

从图 4-17 中可以看出：

（1）该基础的基础主梁有四种编号，分别为 JL01、JL02、JL03、JL04。

（2）识读 JL01。JL01 共有两根，①轴位置的 JL01 进行了详细标注，⑦轴位置的 JL01 只标注了编号。

先识读集中标注。从集中标注中可看出，该梁为两跨两端有外伸，截面尺寸为 700mm×

1200mm。箍筋为直径 10mm 的 HPB300 级钢筋，间距 200，四肢箍。梁的底部和顶部均配置了 4 根直径 25mm 的 HRB400 级贯通纵筋。梁的侧面共配置了 4 根直径 18mm 的 HRB400 级抗扭钢筋，每侧配置 2 根，抗扭钢筋的拉筋为直径 8mm、间距 400mm 的 HPB300 级钢筋。

再识读原位标注。从原位标注中可看出，在Ⓐ、Ⓑ轴线之间的第一跨及外伸部位，标注了顶部贯通纵筋修正值，梁顶部共配置了 7 根贯通纵筋，有 4 根为集中标注中的 4Φ25，另外 3 根为 3Φ20，梁底部支座两侧（包括外伸部位）均配置 8 根直径 25mm 的 HRB400 级钢筋，其中 4 根为集中标注中注写的贯通纵筋，另外 4 根为非贯通纵筋。在Ⓑ、Ⓓ轴线之间的第二跨及外伸部位，梁顶部通长配置了 8 根直径 25mm 的 HRB400 级钢筋（包括集中标注中注写的 4 根贯通纵筋），梁底部支座处配筋同第一跨。

（3）识读 JL04。从集中标注中可看出，基础梁 JL04 为 3 跨两端有外伸，截面尺寸为 850mm×1200mm。箍筋为直径 10mm 的 HPB300 级钢筋，间距 200mm，四肢箍。梁底部配置了 8 根直径 25mm 的 HRB400 级贯通纵筋，顶部无贯通纵筋。梁的侧面共配置了 4 根直径 18mm 的 HRB400 级抗扭钢筋，每侧配置 2 根，抗扭钢筋的拉筋为直径 8mm、间距 400mm 的 HPB300 级钢筋。

从原位标注中可知，梁各跨底部支座处均未设置非贯通纵筋。对于梁顶部的纵筋，第一跨、第三跨及两端外伸部位顶部配置了 11Φ25，第二跨顶部配置了 9Φ20。

【实例 4-20】 某筏形基础平板平法施工图识读

某筏形基础平板平法施工图如图 4-18 所示。

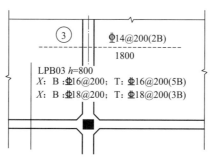

图 4-18 某筏形基础平板平法施工图

从图 4-18 中可以看出：

（1）编号：梁板式筏形基础平板 03 号。

（2）基础平板厚：800mm。

（3）X 向：底部贯通纵筋是 HRB400 级钢筋，直径 16mm，按间距 200mm 设置；顶部贯通纵筋为 HRB400 级钢筋，直径 16mm，按间距 200mm 设置（共 5 跨，两端均有外伸）。

（4）Y 向：底部贯通纵筋为 HRB300 级钢筋，直径 18mm，按间距 200mm 设置；顶部贯通纵筋为 HRB400 级钢筋，直径 18mm，按间距 200mm 设置（共 3 跨，两端均有外伸）。

（5）③号为底部附加非贯通纵筋；HRB400 级钢筋，直径 14mm，间距为 200mm（综合贯通筋标注，应"隔一布一"），布设范围为 2 跨并两端外伸；附加非贯通纵筋自梁中心线向两边跨内的延伸长度均为 1800mm。

参 考 文 献

［1］ 16G101-1 混凝土结构施工图平面整体表示方法制图规则和构造详图（现浇混凝土框架、剪力墙、梁、板）.

［2］ 16G101-2 混凝土结构施工图平面整体表示方法制图规则和构造详图（现浇混凝土板式楼梯）.

［3］ 16G101-3 混凝土结构施工图平面整体表示方法制图规则和构造详图（独立基础、条形基础、筏形基础、桩基础）.

［4］ GB 18306—2015 中国地震动参数区划图.

［5］ GB 50010—2010 混凝土结构设计规范（2015 年版）.

［6］ GB 50011—2010 建筑抗震设计规范（附条文说明）.

［7］ JGJ 6—2011 高层建筑筏形与箱形基础技术规范.(2016 年版).

［8］ 上官子昌.平法钢筋识图方法与实例.北京：化学工业出版社，2013.

［9］ 高竞.平法结构钢筋图解读.北京：中国建筑工业出版社，2009.

［10］ 栾怀军，孙国皖.平法钢筋识图实例精解.北京：中国建材工业出版社，2015.